应用技术型高等教育“十三五”规划教材

电气工程及其自动化专业俄语

主　编　贺中辉　胡延新

副主编　商　岳　刘泽亚

参　编　张振丽　孟　凡

[俄]纳达利亚·德米特里耶夫娜·扎伊琴科（Н.Д.Зайченко）

主　审　[俄]阿克桑娜·彼得罗夫娜·巴修达（О.П.Пасюта）

[俄]塔齐西娜·瓦列里耶夫·穆拉德娃（Т.В.Муратова）

中国水利水电出版社

www.waterpub.com.cn

·北京·

内 容 提 要

本教材为电气工程及其自动化专业俄语学习用书，旨在讲解电气工程俄语的基本专业知识，使学生掌握专业词汇和表达方式，培养学生进行电气工程方面的谈判和写作能力。

本教材共 15 课，包括：电工学历史沿革，电工学，电流的分类，直流电电路、电路元件，电力系统、电能的万能属性，电机及设备，电机、同步电动机和异步电动机，电磁暂态过程，电力系统稳定性、稳定性分类，电力供应，用电安全，电网自动化，三相电力变压器，输电线和电工学行业特点。

本教材编写结构合理实用，每课内容包括构词、语法注解、科技语体句型、课前练习、课文、课后练习。通过教材的学习，学生可以掌握科技语体的基本结构、本专业的基本词汇，并能培养和提高学生的阅读、口语和写作技能。

本教材适用于：国内高校俄语专业学生，可扩展学生专业词汇量，为从事该行业工作打下词汇基础；国内大学公共俄语学生，可作为补充教材或备战大学公共俄语四级考试和考研的自学材料；在俄语国家高校学习电气相关专业的中国留学生，以及有一定俄语基础，因工作需要需具备一定电气工程专业俄语知识的学习者。本教材的语法、语言材料、课后测试也能满足对外俄语二级考试的需要，可作为备战二级考试的学习资料使用。

图书在版编目（CIP）数据

电气工程及其自动化专业俄语 / 贺中辉，胡延新主编. -- 北京 : 中国水利水电出版社, 2017.4（2024.7 重印）
应用技术型高等教育“十三五”规划教材
ISBN 978-7-5170-5260-9

Ⅰ. ①电… Ⅱ. ①贺… ②胡… Ⅲ. ①电工技术－俄语－高等学校－教材 Ⅳ. ①TM

中国版本图书馆CIP数据核字(2017)第058686号

策划编辑：杨庆川　　责任编辑：张玉玲　　封面设计：梁　燕

书　名	应用技术型高等教育“十三五”规划教材 电气工程及其自动化专业俄语 DIANQI GONGCHENG JIQI ZIDONGHUA ZHUANYE EYU
作　者	主　编　贺中辉　胡延新
出版发行	中国水利水电出版社 （北京市海淀区玉渊潭南路 1 号 D 座　100038） 网址：www.waterpub.com.cn E-mail：mchannel@263.net（答疑） sales@mwr.gov.cn 电话：（010）68545888（营销中心）、82562819（组稿）
经　售	北京科水图书销售有限公司 电话：（010）68545874、63202643 全国各地新华书店和相关出版物销售网点
排　版	北京万水电子信息有限公司
印　刷	北京中献拓方科技发展有限公司
规　格	184mm×260mm　16 开本　13.5 印张　329 千字
版　次	2017 年 4 月第 1 版　2024 年 7 月第 2 次印刷
定　价	48.00 元

前　　言

随着中国“一带一路”战略构想的提出和全面实施，未来需要更多的复合型俄语人才。“一带一路”战略必将带动沿线俄语国家在基础设施领域的投资高潮，从而引发在电气、通信、能源、电力等领域大量的人才需求。电气工程专业的工程建设和管理人员要能够使用俄语开展工作，俄语翻译人员要了解电气工程相关专业知识，准确而专业地用俄语表达出来，这在对外电气工程建设中尤为重要。

本教材适用于：国内高校俄语专业学生，可扩展学生专业词汇量，为从事该行业工作打下词汇基础；国内大学公共俄语学生，可作为补充教材或备战大学公共俄语四级考试和考研的自学材料；在俄语国家高校学习电气相关专业的中国留学生，以及有一定俄语基础，因工作需要需具备一定电气工程专业俄语知识的学习者。教材的语法、语言材料、课后测试也能满足对外俄语二级考试的需要，可作为备战二级考试的学习资料使用。

本教材为电气工程及其自动化专业俄语学习用书，旨在讲解电气工程俄语的基本专业知识，使学习者掌握专业词汇和表达方式，培养学习者进行电气工程方面谈判和写作能力。

本教材内容共 15 课：电工学历史沿革；电工学；电流的分类；直流电电路、电路元件；电力系统、电能的万能属性；电机及设备；电机、同步电动机和异步电动机；电磁暂态过程；电力系统稳定性、稳定性分类；电力供应；用电安全；电网自动化；三相电力变压器；输电线和电工学行业特点。

本教材编写结构合理实用，每课内容包括构词、语法注解、科技语体句型、课前练习、课文、课后练习。构词、语法注解和科技语体句型的设计旨在帮助学生掌握语法知识；课前练习设置的目的是让学生学习课文前进行预习，掌握课文中的专业词汇和术语；课文材料选用了包含专业术语的俄语原文，课文练习有助于学生更好地掌握课文内容；课后练习设置的目的在于巩固所学知识，提升学生的阅读理解能力和整体语言技能。通过教材的学习，学生可以掌握科技语体的基本结构、本专业的基本词汇，并能培养和提高学生的阅读、口语和写作技能。

本教材由山东交通学院国际教育学院和俄罗斯远东国立交通大学俄语教研室老师共同编写。第一课～第十课由贺中辉、胡延新和 Н.Д.Зайченко 编写，第十一课～第十五课由商岳、刘泽亚、张振丽和孟凡编写。全书由胡延新统稿。О.П.Пасюта、Т.В.Муратова 对俄语内容部分进行了审阅。

本教材为 2016 年中国交通教育研究会教育科学研究课题——“一带一路”战略下“交通运输+俄语”复合型人才的创新性培养理念研究与实践——的阶段性成果；同时为 2016 年度山东省外专局引智项目——“一带一路”战略下中俄两国商务模式研究——的研究成果。

由于编者的水平有限，本书难免有错误和疏漏指出，编者诚恳希望得到本书使用者的批评指正。

编　者

2017 年 1 月

目　　录

前言
ТЕМА 1. ЭЛЕКТРОТЕХНИКА ВЧЕРА И СЕГОДНЯ ······ 1
第一课　电工学历史沿革 ······ 1
СЛОВООБРАЗОВАНИЕ　构词 ······ 1
ГРАММАТИЧЕСКИЙ КОММЕНТАРИЙ　语法注解 ······ 2
МОДЕЛИ НАУЧНОГО СТИЛЯ РЕЧИ　科技语体句型 ······ 3
ПРЕДТЕКСТОВЫЕ ЗАДАНИЯ　课前练习 ······ 5
ТЕКСТ 1　课文 1 ······ 6
ПОСЛЕТЕКСТОВЫЕ ЗАДАНИЯ　课后练习 ······ 8
ТЕКСТ 2　课文 2 ······ 10
ТЕМА 2. ЭЛЕКТРОТЕХНИКА КАК НАУКА ······ 12
第二课　电工学 ······ 12
СЛОВООБРАЗОВАНИЕ　构词 ······ 12
ГРАММАТИЧЕСКИЙ КОММЕНТАРИЙ 1　语法注解 1 ······ 13
ГРАММАТИЧЕСКИЙ КОММЕНТАРИЙ 2　语法注解 2 ······ 13
МОДЕЛИ НАУЧНОГО СТИЛЯ РЕЧИ　科技语体句型 ······ 15
ПРЕДТЕКСТОВЫЕ ЗАДАНИЯ　课前练习 ······ 17
ТЕКСТ 1　课文 1 ······ 18
ПОСЛЕТЕКСТОВЫЕ ЗАДАНИЯ　课后练习 ······ 19
ТЕКСТ 2　课文 2 ······ 21
ТЕМА 3. ЭЛЕКТРИЧЕСКИЙ ТОК ······ 24
第三课　电流的分类 ······ 24
СЛОВООБРАЗОВАНИЕ　构词 ······ 24
ГРАММАТИЧЕСКИЙ КОММЕНТАРИЙ 1　语法注解 1 ······ 25
ГРАММАТИЧЕСКИЙ КОММЕНТАРИЙ 2　语法注解 2 ······ 26
МОДЕЛИ НАУЧНОГО СТИЛЯ РЕЧИ　科技语体句型 ······ 27
ПРЕДТЕКСТОВЫЕ ЗАДАНИЯ　课前练习 ······ 29
ТЕКСТ 1　课文 1 ······ 30
ПОСЛЕТЕКСТОВЫЕ ЗАДАНИЯ　课后练习 ······ 31
ТЕКСТ 2　课文 2 ······ 33
ТЕМА 4. ЭЛЕКТРИЧЕСКИЕ ЦЕПИ ПОСТОЯННОГО ТОКА. ЭЛЕМЕНТЫ ЭЛЕКТРИЧЕСКОЙ ЦЕПИ ······ 36
第四课　直流电电路　电路元件 ······ 36
СЛОВООБРАЗОВАНИЕ　构词 ······ 36

ГРАММАТИЧЕСКИЙ КОММЕНТАРИЙ 1　语法注解 1 …… 37
ГРАММАТИЧЕСКИЙ КОММЕНТАРИЙ 2　语法注解 2 …… 38
МОДЕЛИ НАУЧНОГО СТИЛЯ РЕЧИ　科技语体句型 …… 41
ПРЕДТЕКСТОВЫЕ ЗАДАНИЯ　课前练习 …… 43
ТЕКСТ 1　课文 1 …… 44
ПОСЛЕТЕКСТОВЫЕ ЗАДАНИЯ　课后练习 …… 46
ТЕКСТ 2　课文 2 …… 48
ТЕМА 5. ЭНЕРГЕТИЧЕСКАЯ СИСТЕМА. УНИВЕРСАЛЬНЫЕ СВОЙСТВА ЭЛЕКТРИЧЕСКОЙ ЭНЕРГИИ …… 51
第五课　电力系统 电能的万能属性 …… 51
СЛОВООБРАЗОВАНИЕ　构词 …… 51
ГРАММАТИЧЕСКИЙ КОММЕНТАРИЙ　语法注解 …… 52
МОДЕЛИ НАУЧНОГО СТИЛЯ РЕЧИ　科技语体句型 …… 54
ПРЕДТЕКСТОВЫЕ ЗАДАНИЯ　课前练习 …… 56
ТЕКСТ 1　课文 1 …… 57
ПОСЛЕТЕКСТОВЫЕ ЗАДАНИЯ　课后练习 …… 59
ТЕКСТ 2　课文 2 …… 61
ТЕМА 6. ЭЛЕКТРИЧЕСКИЕ МАШИНЫ И ПРИБОРЫ …… 63
第六课　电机及设备 …… 63
СЛОВООБРАЗОВАНИЕ　构词 …… 63
ГРАММАТИЧЕСКИЙ КОММЕНТАРИЙ　语法注解 …… 63
МОДЕЛИ НАУЧНОГО СТИЛЯ РЕЧИ　科技语体句型 …… 66
ПРЕДТЕКСТОВЫЕ ЗАДАНИЯ　课前练习 …… 68
ТЕКСТ 1　课文 1 …… 69
ПОСЛЕТЕКСТОВЫЕ ЗАДАНИЯ　课后练习 …… 71
ТЕКСТ 2　课文 2 …… 72
ТЕМА 7. ЭЛЕКТРИЧЕСКИЕ МАШИНЫ. СИНХРОННЫЕ И АСИНХРОННЫЕ ДВИГАТЕЛИ …… 75
第七课　电机　同步电动机和异步电动机 …… 75
СЛОВООБРАЗОВАНИЕ　构词 …… 75
ГРАММАТИЧЕСКИЙ КОММЕНТАРИЙ　语法注解 …… 76
МОДЕЛИ НАУЧНОГО СТИЛЯ РЕЧИ　科技语体句型 …… 77
ПРЕДТЕКСТОВЫЕ ЗАДАНИЯ　课前练习 …… 79
ТЕКСТ 1　课文 1 …… 80
ПОСЛЕТЕКСТОВЫЕ ЗАДАНИЯ　课后练习 …… 81
ТЕКСТ 2　课文 2 …… 83
ТЕМА 8. ЭЛЕКТРОМАГНИТНЫЕ ПЕРЕХОДНЫЕ ПРОЦЕССЫ …… 85
第八课　电磁暂态过程 …… 85
СЛОВООБРАЗОВАНИЕ　构词 …… 85
ГРАММАТИЧЕСКИЙ КОММЕНТАРИЙ 1　语法注解 1 …… 86

ГРАММАТИЧЕСКИЙ КОММЕНТАРИЙ 2 语法注解 2 ······ 88
МОДЕЛИ НАУЧНОГО СТИЛЯ РЕЧИ 科技语体句型 ······ 90
ПРЕДТЕКСТОВЫЕ ЗАДАНИЯ 课前练习 ······ 93
ТЕКСТ 1 课文 1 ······ 94
ПОСЛЕТЕКСТОВЫЕ ЗАДАНИЯ 课后练习 ······ 96
ТЕКСТ 2 课文 2 ······ 98
ТЕМА 9. УСТОЙЧИВОСТЬ ЭНЕРГОСИСТЕМ. ВИДЫ УСТОЙЧИВОСТИ ······ 101
第九课 电力系统稳定性 稳定性分类 ······ 101
СЛОВООБРАЗОВАНИЕ 构词 ······ 101
ГРАММАТИЧЕСКИЙ КОММЕНТАРИЙ 1 语法注解 1 ······ 102
ГРАММАТИЧЕСКИЙ КОММЕНТАРИЙ 2 语法注解 2 ······ 103
МОДЕЛИ НАУЧНОГО СТИЛЯ РЕЧИ 科技语体句型 ······ 105
ПРЕДТЕКСТОВЫЕ ЗАДАНИЯ 课前练习 ······ 107
ТЕКСТ 1 课文 1 ······ 108
ПОСЛЕТЕКСТОВЫЕ ЗАДАНИЯ 课后练习 ······ 110
ТЕКСТ 2 课文 2 ······ 111
ТЕМА 10. ЭЛЕКТРОСНАБЖЕНИЕ ······ 114
第十课 电力供应 ······ 114
СЛОВООБРАЗОВАНИЕ 构词 ······ 114
ГРАММАТИЧЕСКИЙ КОММЕНТАРИЙ 1 语法注解 1 ······ 115
ГРАММАТИЧЕСКИЙ КОММЕНТАРИЙ 2 语法注解 2 ······ 116
МОДЕЛИ НАУЧНОГО СТИЛЯ РЕЧИ 科技语体句型 ······ 118
ПРЕДТЕКСТОВЫЕ ЗАДАНИЯ 课前练习 ······ 121
ТЕКСТ 1 课文 1 ······ 123
ПОСЛЕТЕКСТОВЫЕ ЗАДАНИЯ 课后练习 ······ 125
ТЕКСТ 2 课文 2 ······ 127
ТЕМА 11. ЭЛЕКТРОБЕЗОПАСНОСТЬ ······ 130
第十一课 用电安全 ······ 130
СЛОВООБРАЗОВАНИЕ 构词 ······ 130
ГРАММАТИЧЕСКИЙ КОММЕНТАРИЙ 语法注解 ······ 131
МОДЕЛИ НАУЧНОГО СТИЛЯ РЕЧИ 科技语体句型 ······ 132
ПРЕДТЕКСТОВЫЕ ЗАДАНИЯ 课前练习 ······ 135
ТЕКСТ 1 课文 1 ······ 137
ПОСЛЕТЕКСТОВЫЕ ЗАДАНИЯ 课后练习 ······ 139
ТЕКСТ 2 课文 2 ······ 141
ТЕМА 12. АВТОМАТИКА ЭНЕРГОСИСТЕМ ······ 143
第十二课 电网自动化 ······ 143
СЛОВООБРАЗОВАНИЕ 构词 ······ 143
ГРАММАТИЧЕСКИЙ КОММЕНТАРИЙ 1 语法注解 1 ······ 144

ГРАММАТИЧЕСКИЙ КОММЕНТАРИЙ 2　语法注解 2 ······ 146
МОДЕЛИ НАУЧНОГО СТИЛЯ РЕЧИ　科技语体句型 ······ 147
ПРЕДТЕКСТОВЫЕ ЗАДАНИЯ　课前练习 ······ 150
ТЕКСТ 1　课文 1 ······ 152
ПОСЛЕТЕКСТОВЫЕ ЗАДАНИЯ　课后练习 ······ 153
ТЕКСТ 2　课文 2 ······ 155
ТЕМА 13. ТРЁХФАЗНЫЕ СИЛОВЫЕ ТРАНСФОРМАТОРЫ ······ 157
第十三课　三相电力变压器 ······ 157
СЛОВООБРАЗОВАНИЕ　构词 ······ 157
ГРАММАТИЧЕСКИЙ КОММЕНТАРИЙ　语法注解 ······ 158
МОДЕЛИ НАУЧНОГО СТИЛЯ РЕЧИ　科技语体句型 ······ 160
ПРЕДТЕКСТОВЫЕ ЗАДАНИЯ　课前练习 ······ 163
ТЕКСТ 1　课文 1 ······ 164
ПОСЛЕТЕКСТОВЫЕ ЗАДАНИЯ　课后练习 ······ 167
ТЕКСТ 2　课文 2 ······ 169
ТЕМА 14. ЛИНИИ ЭЛЕКТРОПЕРЕДАЧ ······ 171
第十四课　输电线 ······ 171
СЛОВООБРАЗОВАНИЕ　构词 ······ 171
ГРАММАТИЧЕСКИЙ КОММЕНТАРИЙ　语法注解 ······ 172
МОДЕЛИ НАУЧНОГО СТИЛЯ РЕЧИ　科技语体句型 ······ 175
ПРЕДТЕКСТОВЫЕ ЗАДАНИЯ　课前练习 ······ 177
ТЕКСТ 1　课文 1 ······ 178
ПОСЛЕТЕКСТОВЫЕ ЗАДАНИЯ　课后练习 ······ 181
ТЕКСТ 2　课文 2 ······ 182
ТЕМА 15. СПЕЦИАЛЬНОСТИ В ОБЛАСТИ ЭЛЕКТРОТЕХНИКИ ······ 185
第十五课　电工学行业特点 ······ 185
СЛОВООБРАЗОВАНИЕ　构词 ······ 185
ГРАММАТИЧЕСКИЙ КОММЕНТАРИЙ　语法注解 ······ 186
МОДЕЛИ НАУЧНОГО СТИЛЯ РЕЧИ　科技语体句型 ······ 188
ПРЕДТЕКСТОВЫЕ ЗАДАНИЯ　课前练习 ······ 190
ТЕКСТ 1　课文 1 ······ 191
ПОСЛЕТЕКСТОВЫЕ ЗАДАНИЯ　课后练习 ······ 192
ТЕКСТ 2　课文 2 ······ 194
СЛОВАРЬ　词汇表 ······ 197
ЛИТЕРАТУРА　参考文献 ······ 208

ТЕМА 1. ЭЛЕКТРОТЕХНИКА ВЧЕРА И СЕГОДНЯ

第一课 电工学历史沿革

Ключевые понятия: электричество, электротехника, электрическая энергия, производство электроэнергии, электрический ток, изобретатель, магнитное поле, теория магнетизма, генератор, двигатель.

Словообразование 构词

С помощью следующих суффиксов образуются имена существительные, которые обозначают лицо: **-ик, -ник, -ист,- чик, -щик,- ер, -ор**: *химик, электротехник, специалист, переводчик, проектировщик, доктор, акционер.*

С помощью суффиксов **-тель, -итель, -атор, -ятор** также образуются имена существительные со значением лица. При этом суффикс **-атор, -ятор** является ударным, ударение падает на **-а, -я:** *организовать – организ**а**тор, экспериментировать – эксперимент**а**тор.*

В словах с суффиксом **-тель, -итель** ударение падает на слог, который находится перед суффиксом: *преподавать – преподав**а**тель, строить – стро**и**тель.*

Задание 1. Образуйте имена существительные, обозначающие лицо, от следующих слов. 用下列单词构成表“人”的名词。

работа –
физика –
экономика –
архитектура–
математика –
академия –
революция –
история –
программировать –
изобретать –
строить –
писать –
создать –
основать –
исследовать –
преподавать –
учить –
защищать –

<u>Задание 2.</u> Образуйте существительные со значением лица при помощи суффикса -атор, -ятор. Обратите внимание на ударение в существительных. 借助后缀 -атор, -ятор 构成表“人”的名词，注意名词的重音。

организовать –
классифицировать –
эксплуатировать –
арендовать –
комментировать –

<u>Задание 3.</u> Употребите вместо пропусков подходящие по смыслу существительные со значением лица с суффиксами -атор, -тель, ник, -ик, -ист. 根据带有后缀 -атор, -тель, ник, -ик, -ист 名词的意义填空。

1. Он хорошо организует мероприятия. Он является талантливым__________.
2. Этот специалист работает в нашей организации и занимается экономикой. Он очень опытный и квалифицированный__________.
3. Его родители преподают в университете. Они оба являются__________ русского языка.
4. Учёный часто проводит эксперименты, занимаясь своим исследованием. Он__________ в области химии.
5. Этот учёный давно работает в Российской академии наук и уже давно заслуженный__________ .
6. После смерти Альфреда Нобеля основали фонд по присуждению нобелевских премий учёным. Некоторые его__________ жили и работали в Швеции.
7. Инженеры проектируют здания, а__________ строят эти здания.
8. В университете работают__________, а в школе__________ .

Грамматический комментарий 语法注解

В руском языке глаголы **совершенного вида (СВ)** образуются от **глаголов НСВ** с помощью приставок ***по-***, ***про-***, ***у-*** , ***при-***, ***вы-***, ***на-***: *читать – **про**читать, смотреть – **по**смотреть.*

Глаголы **несовершенного вида (НСВ)** образуются от глаголов **СВ** с помощью суффиксов ***-ыва***, - ***ива***, ***-ва***, ***-а***: *забыть – забы**ва**ть, закончить – заканч**ива**ть.* Существуют особые случаи, когда нужно запомнить видовые пары: *на**чина**ть – на**ча**ть, по**нима**ть – по**ня**ть, говорить – сказать, брать – взять.*

Каждый вид глагола имеет свое значение. Так, **глаголы НСВ** обозначают:

- повторяющееся действие (*я всегда делаю домашнее задание вечером*);
- процесс действия (*я читал книгу*);
- факт (*–Что ты делала вчера вечером? – Я переводила текст*).

Глаголы СВ обозначают:

- результат действия (*Я прочитал книгу*);
- одно действие (*Вчера я прочитала интересную статью*).

Глаголы НСВ сопровождаются словами **каждый день**, **весь день**, **долго**, **иногда**, **всегда**, **никогда**, **обычно**, **часто**, **редко**; употребляются после глаголов *продолжать/ продолжить, бросать/ бросить, начинать/ начать, заканчивать/ закончить*.

Глаголы СВ употребляются со словами *вдруг, сразу, наконец, в конце концов* и др.

Задание 4. Объясните употребление глаголов НСВ или СВ. 解释动词未完成体和完成体的用法。

1. Вчера вечером я переводил текст.
2. Я переводил текст три часа.
3. Я перевел текст и пошел к другу.
4. Я наконец закончил переводить этот трудный текст.
5. Мой друг готовился к семинару в библиотеке.
6. Он готовился в библиотеке весь вечер.
7. Так как он основательно подготовился к семинару, он хорошо сдал экзамен.
8. В выходные дни студенты часто ходят в кино и гуляют в парке.

Задание 5. Употребите глаголы в правильной форме. 使用动词的正确形式填空。

– Что ты делал вчера вечером?

– Вечером я__________ новые слова, делал упражнения по русскому языку (*учить – выучить*).

– А после того, как выполнил домашнее задание?

– Я__________ очень интересный фильм (*смотреть – посмотреть*).

***

– Что вы делаете обычно в выходные дни?

– Обычно до обеда мы__________ в футбол или волейбол (*играть – поиграть*). Потом мы идем__________ в столовую (*обедать – пообедать*).

– А вы занимаетесь в эти дни?

– Мы всегда__________ вечером или после обеда в воскресенье (*заниматься – позаниматься*).

Модели научного стиля речи　科技语体句型

Кто (1)* имеет *что (4)
Этот учёный имеет большое количество изобретений.

Кто (1)* не имеет *чего (2)

Несмотря на то, что Альфред Нобель имел большое количество изобретений, он не имел специального высшего образования.

Кто (1)* является *кем (5)

Борис Якоби является великим изобретателем и учёным конца 19 века.

Что (1)* является *чем (5)

Электроэнергия является сейчас практически единственным видом энергии для искусственного освещения.

Что (1)* относится к *чему (3)

К основным средствам электросвязи относятся электробытовые приборы и машины, аппаратура для систем автоматического управления, медицинское и научное оборудование и др.

Что (1)* принадлежит *кому/чему (3)

Теория магнетизма принадлежит учёному Амперу.

Задание 6. Употребите конструкцию кто является кем / что является чем. 运用句型 **кто является кем / что является чем** 改写句子。

1. Альфред Нобель – учёный и одновременно бизнесмен.
2. Производство – это сложный процесс, который включает в себя огромное число последовательно выполняемых операций.
3. Генри Форд известен всему миру как основатель американской автомобильной промышленности, но он также крупный специалист в истории научного менеджмента.
4. Менеджмент – это искусство управления интеллектуальными, материальными и финансовыми ресурсами.
5. Ампер – учёный, который не только занимался изучением токов и их взаимодействием, но он также разработал теорию магнетизма.
6. Русский учёный Александр Попов – изобретатель радио.
7. Наш университет – один из самых престижных в городе.
8. Майкл Фарадей – автор теории электромагнитного поля.

Задание 7. Вместо пропусков вставьте подходящие по смыслу конструкции «что относится к чему», «что принадлежит кому / чему». 根据句型 **«что относится к чему», «что принадлежит кому / чему»** 的意义填空。

1. Этот учебник__________ преподавателю.
2. Доливо-Добровольскому__________ такое важное изобретение, как трёхфазный асинхронный двигатель, трёхфазный трансформатор.
3. К основным средствам электросвязи __________ электробытовые приборы и машины,

аппаратура для систем автоматического управления, медицинское и научное оборудование и др.

4. Идея использовать ток высокого напряжения в линиях электропередачи __________ М. Депре и Д. Лачинову.
5. Первые сведения об электричестве, появившиеся много столетий назад, __________ к электрическим «зарядам», полученным посредством трения.
6. Во многих технических вузах страны готовят специалистов по разным специальностям в области электротехники, к которым __________, например, электроснабжение, электромеханика, электрооборудование, автоматизация электроэнергетических систем и другое.
7. К выдающимся открытиям в области электротехники __________ закон Ома, который был сформулирован Георгом Омом в 1827 году.
8. Борису Якоби __________ такое важное изобретение, как первый в мире электродвигатель.

Предтекстовые задания　课前练习

<u>Задание 8.</u> Прочитайте и запомните следующие слова и словосочетания. 阅读并翻译下列单词。

электричество	电力、电学、电
электротехника – электрическая техника	电工学
напряжение	电压
сопротивление	电阻
двигатель	发动机、电动机构
электродвигатель	电动机
асинхронный двигатель	异步电动机
тяговый двигатель	牵引电动机
ток	电流
сила тока	电流强度
телеграф	电报
электрическая энергия: тепловая, световая, механическая	电能：热能、光能、机械能
генератор	发电机
изобретатель	发明人、发明家
закон Ома	欧姆定律
взаимодействие	相互作用

магнит	磁铁、磁体
магнитное поле	磁场
теория магнетизма	磁学理论
процесс: технологические процессы	流程：技术流程
элемент: гальванические элементы	电池：伽伐尼电池
ресурс: гидроэнергетические ресурсы	资源：水力资源
линии электропередачи – ЛЭП	输电线
расстояние	距离
индукция	感应、电感现象
трансформатор	变压器、变换器
однофазный	单相的
мощный	大功率的、强大的
накопить/ накапливать опыт	积累经验
вносить/ внести вклад	做贡献
создавать/ создать	创立、建立
изобретать/ изобрести	发明
приходить/ прийти к выводу	得出结论

Задание 9. Прочитайте следующие словосочетания. Обращайте внимание на ударение. 朗读下列词组，注意重音。

А. Малоизвестная наука, известный учёный, электрический ток, электромагнитное поле, технологические процессы, большой вклад, первый электродвигатель, электроплавильная печь, гальванические элементы, гидроэнергетические ресурсы, трёхфазный трансформатор, асинхронный двигатель, практическое использование, химический источник, экономическая целесообразность, дешёвые топливные ресурсы, технические средства коммуникации.

Б. Область электротехники, область знаний, теория магнетизма, изучение токов, линии электропередачи, превращение электроэнергии, средства коммуникации, область использования электроэнергии, производство электроэнергии.

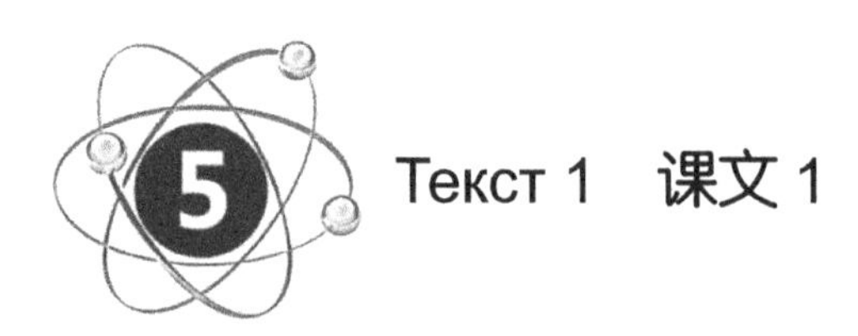

Текст 1 课文 1

Задание 10. Прочитайте и переведите текст. 阅读并翻译课文。

ИЗ ИСТОРИИ РАЗВИТИЯ ЭЛЕКТРОТЕХНИКИ

Всё, что нас сейчас окружает, так или иначе связано с электричеством. Электричество прочно вошло в нашу жизнь. Во многом это произошло благодаря науке электротехнике.

Человечество веками накапливало опыт и знания в области электричества. 19 век, в частности, щедро одарил человечество изобретениями и открытиями в области электротехники. Не зря его называли веком электричества. Многие известные учёные работали в этой области. Это Михаил Ломоносов, Алессандро Вольта, Луиджи Гальвани, Ампер Андре Мари, Майкл Фарадей и другие. Они внесли большой вклад в развитие тогда ещё малоизвестной науки – электротехники.

Выдающимся открытием в области электротехники является закон Ома, который был сформулирован Георгом Омом в 1827 году. Этот закон описывал электрический ток, напряжение и сопротивление.

Огромный вклад в развитие электротехники внёс Ампер, который занимался изучением токов и их взаимодействием. Также он предложил теорию магнетизма. В честь этого учёного названа единица измерения силы тока – Ампер.

Майкл Фарадей занимался изучением электромагнитного поля. Он впервые получил электрический ток с помощью явления электромагнитной индукции и сформулировал теорию о том, что электрическое и магнитное поля существуют, они не разделимы и вместе они образуют электромагнитное поле.

Борис Якоби внёс неоценимый вклад в развитие электрических машин. Он создал первый электродвигатель, а также занимался исследованием в области электромагнитов.

Михаил Доливо-Добровольский создал трёхфазную систему. Он создал трёхфазный асинхронный двигатель, который стал основным двигателем на производстве в мире. Он создал также трёхфазный трансформатор.

***

Что касается области технических средств коммуникации, то в 1832 году в России учёный Павел Шиллинг изобрёл электромагнитный телеграф, чем положил начало проводной связи. В 1876 году Александр Белл создал телефон. В 1859 году Александр Попов в России изобрёл радио.

В 1867 году учёный Грамм (Бельгия) построил удобный в эксплуатации электромашинный генератор, с помощью которого получали дешёвую электроэнергию.

Возможности электричества поражали: передача энергии и разных электрических сигналов на большие расстояния, превращение электрической энергии в механическую, тепловую, световую…

Рождение электротехники начинается с изготовления первых гальванических элементов, химических источников электрического тока. Его связывают с именем Алессандро Вольты.

Однако расширение области практического использования электрической энергии стало возможно лишь в 70-80-е годы 19 века, после того как была решена проблема передачи электроэнергии на расстояние. В 1874 году Ф. Пироцкий пришёл к выводу об экономической целесообразности производства электроэнергии в местах, где есть дешёвые топливные или гидроэнергетические ресурсы. Д. Лачинов и М. Депре предложили использовать в линии электропередачи (ЛЭП) ток высокого напряжения. Был создан однофазный трансформатор, что также решало проблему передачи электроэнергии, и он использовался для электроосвещения.

В 70-х-80-х годах 19 века электроэнергию начали использовать в технологических процессах: при получении алюминия, меди, цинка, стали.

Таким образом, за последние несколько веков электротехника из небольшой области знаний выросла в огромную науку, которая теперь включает в себя много отраслей.

Современная электротехника продолжает развиваться.

Послетекстовые задания 课后练习

<u>Задание 11.</u> Ответьте на вопросы к тексту. 回答课文问题。

1. Чем щедро одарил 19 век человечество? Как называли 19 век?
2. Какие известные учёные работали в области электротехники?
3. Какой закон является выдающимся открытием в области электротехники? Что он описывает?
4. Что изучал Ампер? Какую теорию он предложил?
5. Чем занимался Майкл Фарадей? Какую теорию он сформулировал?
6. Что создал Борис Якоби?
7. Какой двигатель создал Михаил Доливо-Добровольский?
8. Какие достижения и кем были сделаны в области технических средств коммуникации?
9. Кто построил первый электромашинный генератор?
10. В какие годы стало возможно решение проблемы передачи электроэнергии на расстояние?

<u>Задание 12.</u> Закончите предложения, используя информацию в тексте. 根据课文内容完成句子。

1. Эти учёные внесли большой вклад в развитие

____

____

2. Закон Ома описывал электрический ток, напряжение

____

____

3. Огромный вклад в развитие электротехники внёс Ампер, который занимался изучением

____

____

4. Майкл Фарадей впервые получил электрический ток с помощью явления

____

____

5. Борис Якоби создал первый электродвигатель, а также

____

____

6. Учёный Доливо-Добровольский создал трёхфазный асинхронный двигатель, который стал

____

____

7. С именем Александра Вольты связывают изготовление первых гальванических элементов,

____

____

8. В 1874 году Ф. Пироцкий пришёл к выводу об экономической целесообразности производства электроэнергии в местах, где есть

____

____

9. В 70-х-80-х годах 19 века электроэнергию начали использовать

____

____

<u>Задание 13.</u> Опираясь на информацию текста, скажите, какое научное открытие произошло в этом году. Закончите предложение. 根据课文内容，说出在下列年份有什么科技发明。

1. В 1827 году____
2. В 1832 году____
3. В 1876 году____
4. В 1859 году____
5. В 1867 году____
6. В 1874 году____

<u>Задание 14.</u> Используя выражение «вносить вклад во что», скажите, кто внёс большой вклад в развитие электротехники. Ориентируйтесь на содержание текста. 根据课文内容，运用 «вносить вклад во что»句式，讲述谁为电工学发展做出了巨大贡献。

<u>Задание 15.</u> Скажите, какие известные имена учёных упоминаются в тексте. Назовите этих учёных и их открытие. 请写出课文中提到的著名学者的姓名，以及他们的发明。

Текст 2 课文 2

<u>Задание 16.</u> Прочитайте текст и выполните тестовое задание к нему. 阅读课文，完成相应测试题。

ЭЛЕКТРОТЕХНИКА И ТРАНСПОРТ ВЧЕРА И СЕГОДНЯ

К концу 70-х годов начинается использование электроэнергии на транспорте, например, электрический тяговый двигатель. В 1879 году Сименс построил электрическую дорогу в Берлине. В 80-е годы активно открывались трамвайные линии во многих городах Западной Европы, а затем в Америке. В России первый трамвай поставили на рельсы в 1892 году. В 90-е годы электрическая тяга была применена и на подземных железных дорогах, в частности, в 1890 году в Лондонском метрополитене. В 1896 году электрическую тягу использовали в Будапеште.

В конце 19 века промышленное использование электроэнергии стало важной технико-экономической проблемой – наряду с экономичной электропередачей необходимо было иметь электродвигатель. Первый электродвигатель создал учёный Борис Якоби. В конце 80-х годов М. Доливо-Добровольский разработал трёхфазный асинхронный двигатель, трёхфазные трансформаторы. В 1891 году он построил трёхфазную линию электропередачи на расстоянии 170 км (километров) в Германии.

Применение трёхфазных систем положило начало современному этапу развития электротехники, который характеризуется растущей электрификацией промышленности, сельского хозяйства, транспорта, сферы быта и др. Увеличивается потребление электроэнергии. Это обусловило строительство мощных электростанций, электрических сетей, создание новых электроэнергетических систем, строительство мощных линий электропередач – ЛЭП высокого напряжения.

Успехи электротехники оказали огромное влияние на развитие радиотехники и электроники, телемеханики и автоматики, вычислительной техники и кибернетики.

Научные труды русских исследователей А. Горева, П. Жданова, С. Лебедева, американского учёного Р. Парка, английских учёных О. Хевисайда и Г. Крона легли в основу математической теории электрических машин и открыли возможность для применения сложного математического аппарата (теории матриц, операционного исчисления и т.д.) при решении разнообразных задач, связанных, например, с изучением сложных электромеханических систем…

Тест

1. Использование электроэнергии на транспорте, в частности, электрический тяговый двигатель, активно начинается…
   А. в начале 70-х годов;
   Б. к концу 70-х годов;
   В. к концу 80-х годов.
2. В 80-е годы были открыты трамвайные линии…
   А. во многих городах Западной Европы;
   Б. во многих городах Западной Европы, а затем в Латинской Америке;
   В. во многих городах Западной Европы, а затем в Америке.
3. В 90-е годы электрическая тяга была применена и на подземных железных дорогах, в частности, …
   А. в 1890 году в Лондонском метрополитене;
   Б. в 1980 году в Лондонском метрополитене;
   В. в 1809 году в Лондонском метрополитене.
4. В 1891 году М. Доливо-Добровольский построил на расстоянии 170 километров в Германии…
   А. трёхфазную линию электропередачи;
   Б. двухфазную линию электропередачи;
   В. трёхфазный трансформатор.
5. Применение трёхфазных систем положило начало современному этапу развития электротехники, который характеризуется…
   А. растущей электрификацией промышленности и сельского хозяйства;
   Б. растущей электрификацией промышленности, сельского хозяйства, транспорта, сферы быта;
   В. растущей электрификацией промышленности, сельского хозяйства, сферы быта.

ТЕМА 2. ЭЛЕКТРОТЕХНИКА КАК НАУКА

第二课　电工学

Ключевые понятия: электроника, эксперимент, электросвязь, исследование, электродинамические процессы, электромагнитные явления, научно-техническая проблема, устройство, электрическая энергосистема, электротехническая промышленность.

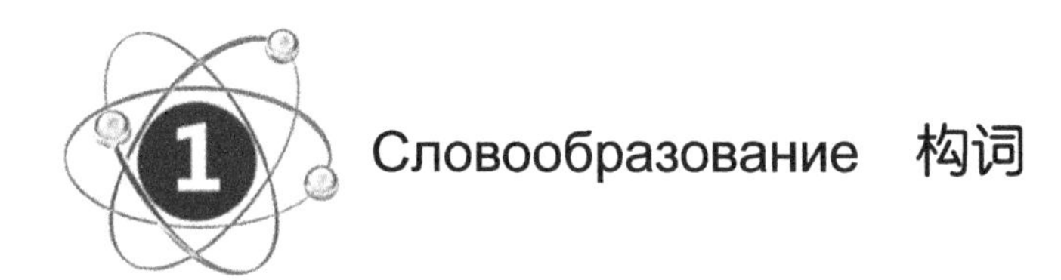

Словообразование　构词

При образовании множественного числа (мн.ч.) у некоторых существительных женского рода (ж.р.) происходит передвижение ударения с окончания на основу: *страна – страны, цена – цены.*

У некоторых существительных среднего рода (ср.р.) возможно передвижение ударения с основы на окончание: *поле – поля, море – моря.* Или, наоборот, происходит передвижение ударения с окончания на основу: *кольцо – кольца, окно – окна.*

<u>Задание 1.</u> Назовите из данных существительных те, у которых происходит перемещение ударения во множественном числе (мн.ч.). При затруднении воспользуйтесь словарём. 指出下列名词中变复数时重音发生变化的单词，如有需要查字典。

семья –	окно –
величина –	письмо –
книга –	здание –
война –	библиотека –
сторона –	достижение –
глава –	решение –
страница –	лицо –
доска –	стена –
страна –	объяснение –
лампа –	исследование –

Грамматический комментарий 1　语法注解 1

Активные причастия настоящего времени образуются от глаголов с помощью специальных суффиксов **–ущ-, -ющ-, -ащ-, -ящ-:** *писать – пиш**ущ**ий, изучать – изуча**ющ**ий.*

Причастия могут иметь возвратную форму, которая передаётся с помощью возвратного суффикса **-ся (-сь)**: *строиться – стро**ящийся**, находиться – наход**ящийся**.*

<u>Задание 2.</u> Образуйте причастия от следующих глаголов: 写出下列动词的形动词：

Образец: иметь – имеющий

изучать – руководить –
развивать – переводить –
исследовать – строить –
проектировать – преобразовать –
встречать – объяснять –
разговаривать – осуществлять –

<u>Задание 3.</u> Назовите глаголы, от которых образованы активные причастия настоящего времени. 指出构成下列现在时主动形动词的动词。

Образец: объединяющий – объединять

исследующий – использующий –
включающий – передающий –
занимающийся – знающий –
производящий – имеющий –
являющийся – означающий –
выполняющий – получающий –
автоматизирующий – механизирующий –

Грамматический комментарий 2　语法注解 2

Возможна трансформация структуры «**причастие + определяемое слово**» в структуру «**определяемое слово, который + глагол**»: изуча**ющ**ий студент – студент, **который** изучает; регулиру**ющ**ая аппаратура – аппаратура, **которая** регулирует; объясня**ющ**ий преподаватель –

преподаватель, **который** объясняет.

Задание 4. Употребите причастие. Запишите. 运用并写出形动词。

Образец: *Специалист,* ***который*** *контролирует – контролиру**ющ**ий специалист.*

1. Студент, который читает – ______________________________
2. Устройство, которое управляет – ______________________________
3. Инженер, который проектирует – ______________________________
4. Директор, который руководит – ______________________________
5. Дома, которые строятся – ______________________________
6. Друзья, которые встречаются – ______________________________
7. Академия, которая является престижной – ______________________________
8. Университет, который находится в центре города – ______________________________

Задание 5. Употребите вместо активного причастия предложения с относительным местоимением который, которая, которые. 用关系代词 **который, которая, которые** 替换句子中的主动形动词。

Образец: *Электротехника – это область науки и техники, изуча**ющ**ая электрические и магнитные явления и их использование в практических целях. – Электротехника – это область науки и техники,* ***которая*** *изучает электрические и магнитные явления и их использование в практических целях.*

1. Электротехника есть отрасль науки и техники, изучающая вопросы получения, преобразования и использования электроэнергии в практической деятельности человека.

____

____

2. Важным направлением современной электротехники является разработка теоретических и экспериментальных методов исследования, позволяющих решать научно-технические проблемы.

____

____

3. Необходимое условие для повышения надёжности работы электроэнергетических систем – создание мощных устройств, статических регуляторов и другой аппаратуры, обеспечивающей оптимальные режимы работы систем.

____

____

4. К основным средствам электросвязи относится регулирующая, контролирующая и управляющая аппаратура для систем автоматического управления, электробытовые приборы и машины и др.

____

5. Источниками энергии являются устройства, вырабатывающие электрический ток.

6. К приёмникам электрической энергии относятся элементы, потребляющие электроэнергию.

7. Государственный университет, находящийся в центре города, является одним из самых престижных в крае.

8. Ротор – это вращающаяся часть синхронного генератора.

Модели научного стиля речи 科技语体句型

Что (1)* – (это) *что (1)

Электротехника – это область науки и техники, изучающая электрические и магнитные явления и их использование в практических целях.

Что (1)* есть *что (1)

Электротехника есть область науки и техники, изучающая электрические и магнитные явления и их использование в практических целях.

Что (1)* является *чем (5)

Электрическим током является направленное движение носителей электрических зарядов.

Что (1)* называется *чем (5)

Электротехника называется областью науки и техники, изучающей электрические и магнитные явления.

Что (4)* называют *чем (5)

19 век называют веком электричества.

Задание 6. Употребите следующие предложения в другой структуре (см. модели

выше). 用其他结构改写下列句子（见句型）。

1. Этот университет – один из самых престижных в городе.

____

2. Наш город называют городом студенчества, так как в нём находится много университетов и институтов.

____

3. Сегодня специальность «Электротехника и автоматика» является одной из самых востребованных в стране.

____

4. Силовым трансформатором является устройство, которое преобразует мощность от одного уровня напряжения к другому.

____

5. Источники энергии – это устройства, вырабатывающие электрический ток.

____

6. Ротором называется вращающаяся часть синхронного генератора.

____

7. Приёмники есть устройства, потребляющие электрический ток.

____

8. Электрическим током является направленное движение носителей электрических зарядов.

____

Задание 7. Вставьте подходящие по смыслу глаголы в нужной форме в прошедшем времени, данные ниже. 用动词过去式的适当形式填空。

1. Человечество веками __________ опыт и знания в области электричества.
2. Многие известные учёные __________ изобретения в области электротехники.
3. Майкл Фарадей __________ автором теории электромагнитного поля.
4. Борис Якоби __________ большой вклад в развитие электрических машин.
5. Этот учёный __________ первый электродвигатель.
6. Доливо-Добровольский __________ трёхфазный трансформатор.
7. В 70-х-80-х годах 19 века электроэнергию __________ использовать в технологических процессах: при получении алюминия, меди, цинка, стали.
8. В 1878 году Сименс __________ электроплавильную печь.

Слова для справок: *иметь, внести (большой вклад), создать, начать, изобрести, накапливать (опыт), являться.*

Предтекстовые задания 课前练习

Задание 8. Прочитайте и запомните следующие слова и словосочетания.

электроэнергия	电能
деятельность	活动、业务、作用
преобразование	改造、改革、转换
потребление	消耗、消费、需要
достижение	成就、成果、达到
проводник	导体
полупроводник	半导体
сверхпроводник	超导体
оборудование	设备
устройство	建造、安排、设备、构建
управление	管理、操控
совершенствование	完善
разработка	探讨、研究、制定、设计
использование	使用、运用、采用
применение	采用、运用
исследование	研究
создание	创立
способ	方法
надёжность	安全性、可靠性
ядерная техника	核技术
лазерная техника	激光技术
явление: магнитные явления	现象：磁现象
аппаратура: коммутационная аппаратура	设备：开关、配电设备
производство	生产
делить, делиться	划分、分配，划分、与......交流
создавать/ создать	创建、建立

Задание 9. Прочитайте следующие словосочетания. Обращайте внимание на ударение. 朗读下列词组，注意重音。

А. Электрические явления, магнитные явления, практическая деятельность, научно-технические проблемы, коммутационная аппаратура, электроэнергетические системы, практические цели, теоретические и экспериментальные методы, живые организмы, лазерная техника, космическое пространство.

Б. Отрасль науки и техники, передача информации, деятельность человека, получение энергии, преобразование электроэнергии, использование электрической энергии, линии электропередачи, электромеханические устройства, проблемы электротехники, управление системами, совершенствование аппаратуры, повышение надёжности, исследование плазмы, изучение микромира, освоение космоса.

Текст 1 课文 1

<u>Задание 10.</u> Прочитайте и переведите текст. 阅读并翻译课文。

ПОНЯТИЕ ЭЛЕКТРОТЕХНИКИ

В настоящее время существует много определений понятия «электротехника». Рассмотрим некоторые из них.

Электротехника – отрасль науки и техники, связанная с применением электрических и магнитных явлений для преобразования энергии, обработки материалов, передачи информации и изучающая вопросы получения, преобразования и использования электроэнергии в практической деятельности человека.

Электротехника – это область науки и техники, изучающая электрические и магнитные явления и их использование в практических целях.

Важным направлением современной электротехники является разработка теоретических и экспериментальных методов исследования, позволяющих решать научно-технические проблемы электротехники. К ним, в частности, относятся вопросы совершенствования способов передачи электроэнергии и разработка новых.

Электротехника решает следующие задачи:

– исследование процессов в линиях электропередачи;

– создание полупроводниковых преобразователей, способных работать вместе с электромеханическими устройствами;

– разработка и совершенствование элементов коммутационной аппаратуры;

– изучение возможности использования сверхпроводников в линиях электропередачи.

Большое значение имеет разработка способов управления сложными электроэнергетическими системами и повышение их надёжности. Необходимое условие для повышения надёжности работы электроэнергетических систем – создание мощных устройств, статических регуляторов и другой аппаратуры, обеспечивающей оптимальные режимы работы систем.

Большой интерес представляет исследование тепловых и электродинамических процессов в электроэнергетических устройствах. Теоретические и экспериментальные методы электротехники нашли своё развитие в других отраслях науки и техники, связанных, в частности, с исследованием полупроводников, плазмы, с разработкой и созданием средств ядерной и лазерной техники, освоением космического пространства.

Современная электротехника продолжает активно развиваться. В промышленности создаются новые двигатели. В электронике создаются более мощные микропроцессоры, способные выполнять ещё большее количество операций. В быту появляются различные инструменты, источники питания и т.д.

Достижения электротехники используются во всех сферах практической деятельности человека: в промышленности, сельском хозяйстве, медицине, быту и т.д. Электротехническая промышленность выпускает машины и аппараты для производства, передачи, преобразования и потребления электроэнергии, разнообразную электротехническую аппаратуру и технологическое оборудование, электроизмерительные приборы и средства электросвязи. К основным средствам электросвязи относится регулирующая, контролирующая и управляющая аппаратура для систем автоматического управления, электробытовые приборы и машины, медицинское и научное оборудование и др.

Послетекстовые задания 课后练习

Задание 11. Ответьте на вопросы к тексту. 回答课文问题。

1. Что такое электротехника?
2. Что изучает электротехника?
3. Какое направление современной электротехники является наиболее важным?
4. Какие вопросы решает электротехника?
5. Разработка чего имеет большое практическое значение?
6. Что является необходимым условием для повышения надёжности работы электроэнергетических систем?
7. В каких отраслях нашли своё развитие теоретические и экспериментальные методы электротехники?
8. Где используются достижения электротехники?
9. Что создают в настоящее время в области электроники?
10. Для чего выпускает электротехническая промышленность машины и аппараты?

<u>Задание 12.</u> Закончите предложение, ориентируясь на содержание текста. 根据课文内容，续完句子。

1. Электротехника – отрасль науки и техники, связанная с применением электрических и магнитных явлений для преобразования энергии, обработки материалов, передачи информации,

____

____

2. Важным направлением современной электротехники является

____

____

3. Электротехника также решает задачи исследования процессов в

____

____

4. Необходимое условие для повышения надёжности работы электроэнергетических систем – создание мощных устройств, статических регуляторов и другой аппаратуры, обеспечивающей

____

____

5. Большой интерес представляет изучение импульсных полей высокой интенсивности, исследование тепловых и

____

____

6. Современная электротехника продолжает

____

____

7. В электронике создаются более мощные микропроцессоры, способные выполнять еще большее количество операций

____

____

8. Достижения электротехники используются во всех сферах практической деятельности человека: в промышленности,

____

____

9. К основным средствам электросвязи относится регулирующая, контролирующая и управляющая аппаратура для систем автоматического управления,

____

____

Задание 13. Найдите в тексте предложения, содержащие активные причастия с суффиксами -УЩ-, -ЮЩ-, -АЩ-, -ЯЩ-. Определите функцию этих причастий в предложении. 找出课文中带后缀 -ущ-, -ющ-, -ащ-, -ящ- 主动形动词的句子，明确这些形动词在句子中的作用。

Задание 14. Познакомьтесь с планом к тексту. 了解课文大纲。

План

1. Понятие электротехники.
2. Задачи электротехники.
3. Практическое значение электротехники.
4. Достижения электротехники.

Задание 15. Передайте краткое содержание текста согласно плану. 根据大纲，简短转述课文内容。

Текст 2 课文 2

Задание 16. Прочитайте текст и выполните тестовое задание к нему. 阅读课文，完成相应测试题。

О ЗАКОНЕ ОМА

Георг Ом родился в Эрлангере, в семье бедного слесаря. Его отец – Иоганн Вольфганг – весьма образованный человек, с детства внушал сыну любовь к математике и физике. Георг Ом учился в гимназии, которая курировалась университетом. Наиболее известные работы Ома касались вопросов о прохождении электрического тока и привели к знаменитому «закону Ома», связывающему сопротивление цепи гальванического тока, электродвижущей в нём силы и силы тока. Закон Ома лежит в основе всего современного учения об электричестве.

Георг Ом, проводя эксперименты с проводником, установил, что сила тока в проводнике пропорциональна напряжению, приложенному к его концам.

Коэффициент пропорциональности называется электропроводностью, а величину называют электрическим сопротивлением проводника.

Закон Ома был открыт в 1827 году.

Закон Ома – это физический закон, определяющий связь между напряжением, силой тока и сопротивлением проводника в электрической цепи. Он назван так в честь его первооткрывателя Георга Ома.

Закон Ома – это главный закон, объединяющий силу тока, напряжение и сопротивление: I, U, R.

Закон Ома – эмпирический физический закон, определяющий связь электродвижущей силы источника или электрического напряжения с силой тока и сопротивлением проводника.

Суть закона проста: сила тока в участке цепи прямо пропорциональна напряжению на концах этого участка и обратно пропорциональна его сопротивлению.

$$I \sim U, \qquad I = \frac{U}{R}$$

Закон Ома для полной цепи:

$$I = \frac{\varepsilon}{R + r}$$

где:

ε – ЭДС источника напряжения;

I – сила тока в цепи;

R – сопротивление всех внешних элементов цепи;

r – внутреннее сопротивление источника напряжения.

Закон Ома может не соблюдаться в следующих случаях:

– при низких температурах для веществ, которые обладают сверхпроводимостью;

– при высоких частотах, когда скорость изменения электрического поля настолько велика, что нельзя пренебрегать инерционностью носителей заряда;

– при нагреве проводника током, из-за чего зависимость напряжения от тока приобретает нелинейный характер (классическим примером может быть лампа накаливания);

– при приложении к проводнику или диэлектрику (например, воздуху или изоляционной оболочке) высокого напряжения, в таком случае может возникнуть пробой;

– в гетерогенных полупроводниках и полупроводниковых приборах, которые имеют p-n-переходы, например, в диодах и транзисторах;

– в вакуумных и газонаполненных электронных лампах (также люминесцентных).

Тест

1. Георг Ом учился…

   А. в гимназии, которая курировалась университетом;

   Б. в частной гимназии;

   В. в школе.

2. Наиболее известные работы Ома касались вопросов…

   А. астрономии и физики;

   Б. о прохождении электрического тока;

   В. о законах вселенной.

3. Закон Ома – эмпирический физический закон, определяющий связь электродвижущей силы источника или электрического напряжения…
   А. с силой тока;
   Б. с сопротивлением проводника;
   В. с силой тока и сопротивлением проводника.
4. Суть закона заключается в том, что…
   А. сила тока в участке цепи прямо пропорциональна напряжению на концах этого участка и обратно пропорциональна его сопротивлению;
   Б. сила тока в участке цепи обратно пропорциональна напряжению на концах этого участка и прямо пропорциональна его сопротивлению;
   В. сила тока в участке цепи прямо пропорциональна напряжению.
5. Закон Ома может не соблюдаться в некоторых случаях, например…
   А. при высоких температурах для веществ, которые обладают сверхпроводимостью;
   Б. при разных температурах;
   В. при низких температурах для веществ, которые обладают сверхпроводимостью.

ТЕМА 3. ЭЛЕКТРИЧЕСКИЙ ТОК

第三课　电流的分类

Ключевые понятия: молекула, атом, электрон, ядро атома, электронная теория, переменный ток, электродвижущая сила, электрические заряды, электромагнитная индукция, трансформатор.

Словообразование　构词

А. У некоторых имён существительных мужского рода (м.р.) при образовании множественного числа (мн.ч.) происходит передвижение ударения с основы слова на окончание **-а**. *Например: директор – директор**а**, номер – номер**а**, поезд – поезд**а**.*

Б. При образовании множественного числа (мн.ч.) у некоторых существительных мужского рода (м.р.) наблюдаются случаи появления беглых гласных **о, е**: *звон**о**к – звонки, д**е**нь – дни, иностран**е**ц – иностранцы.*

Задание 1. Образуйте множественное число у следующих имён существительных. Запишите их. 写出下列名词的复数形式。

А.

адрес –　　　　том –

паспорт –　　　　счёт –

век –　　　　цвет –

мастер –　　　　пояс –

Б.

станок –　　　　угол –

уровень –　　　　владелец –

порядок –　　　　недостаток –

продавец –　　　　борец –

Задание 2. Определите, какие слова или сочетания слов (Б) соответствуют аббревиатурам (А). 在 **Б** 行中找出与 **A** 行缩写形式相同的词或词组。

А. ЭЭ, ЭЭС, эдс, млн., квт.

Б. электроэнергетическая система, киловатт, электрическая энергия, миллион, электродвижущая сила.

Грамматический комментарий 1 语法注解 1

Сравнительная степень прилагательных и наречий образуется с помощью суффикса **-ее**, **-ей**: *сильный – сильн**ее**, сильн**ей**; умный – умн**ее**, умн**ей***. Следует помнить, что существуют особые случаи образования сравнительной степени с помощью суффикса **-е**. При этом происходит чередование согласных: *молодой – моло**же**, крепкий – креп**че***.

Запомните сравнительную степень следующих прилагательных: хороший – лучше, плохой – хуже, маленький – меньше, большой – больше.

Сложная сравнительная степень образуется с помощью слов **более** и **менее**: *менее сложный, более интересный.*

Задание 3. От следующих имён прилагательных образуйте сравнительную степень. 写出下列形容词的比较级。

трудный –	мощный –
тяжёлый –	маленький –
лёгкий –	большой –
длинный –	крупный –
короткий –	мелкий –
богатый –	весёлый –
бедный –	нужный –
дорогой–	способный –
дешёвый –	умный –

Задание 4. Скажите, от какого прилагательного / наречия (А) образована сравнительная форма (Б). 指出 **Б** 行比较级所对应的 **A** 行中的形容词或副词。

А. Маленький, хорошо, большой, высокий, низкий, мало, много, плохо, длинный, короткий, сложный, простой.

Б. Выше, меньше, сложнее, короче, проще, больше, ниже, длиннее, лучше, хуже.

Грамматический комментарий 2 语法注解 2

Превосходная степень прилагательных и наречий образуется с помощью суффиксов **-ейш-**, **-айш-** (простая форма). Суффиксы **-айш-**, **-ейш-** всегда являются ударными: *умный – умн**ейш**ий, бедный – бедн**ейш**ий, строгий – строж**айш**ий*. В некоторых словах происходит чередование гласных в основе: *тяжёлый – тяжелейший, тёмный – темнейший*.

Сложная форма образуется при помощи слов **наиболее, наименее, самый**: *самый умный, наиболее сложный*, а также с помощью слов **всего, всех**: *лучше всего, больше всех*.

Задание 5. Образуйте простую и сложную формы превосходной степени следующих прилагательных. Запишите их. 写出下列形容词的简单最高级和复合最高级形式。

мощный – слабый –
маленький – важный –
лёгкий – красивый –
длинный – крупный –
простой – прочный –
богатый – глупый –
бедный – счастливый –
способный – милый –

Задание 6. Употребите подходящую по смыслу сравнительную или превосходную степень прилагательных и наречий. 根据意思，正确使用形容词和副词的比较级或最高级形式。

1. Мой друг знает русский язык__________ (хорошо), чем моя подруга.
2. Чем больше ты занимаешься, тем__________ (хорошо) ты знаешь иностранный язык.
3. Февраль –__________ (короткий) месяц в году.
4. С каждым днём я узнаю на занятиях всё__________ (много) и__________ (много).
5. Человек становится чем взрослее, тем __________ (умный).
6. Я думаю, русский язык__________ (сложный), чем итальянский язык.
7. Зима в Москве __________ (холодный), чем в Пекине.
8. Все тела состоят из__________ (мелкий) частиц, называемых молекулами.

Задание 7. **Вставьте подходящее по смыслу прилагательное / наречие в сравнительной или превосходной степени (сложную форму). Запишите полученный вариант. Используйте слова для справок.** 用适当形容词/副词的比较级或最高级（复合形式）填空。

1. Этот студент__________ в группе знает русский язык.
2. Генераторы и двигатели переменного тока более__________ в эксплуатации.
3. Париж –__________ город мира.
4. Молекула, в свою очередь, состоит из ещё__________ частиц – атомов.
5. Лето –__________ время года.
6. Атом состоит из ядра и вращающихся вокруг него __________ частиц, называемых электронами.
7. Электротехника – __________ специальность в нашем университете.
8. Я люблю зиму больше всего, а мой друг __________ любит осень.

Слова для справок: *больше всего, лучше всех, более простые, намного сложнее, более мелких, самый короткий, самое жаркое, самая сложная, самый красивый.*

Модели научного стиля речи　科技语体句型

Что (1)* состоит из *чего (2)

Все тела состоят из мельчайших частиц, которые называются молекулами.

Что (1)* состоит *в чём (6)

Главная задача состоит в овладении основ такой сложной науки, как электротехника.

Что (1)* заключается *в чём (6)

Основное преимущество переменного тока заключается в том, что можно с минимальными потерями передавать электрическую энергию на большие расстояния.

Что (1)* обладает *чем (5)

Каждый электрон атома обладает очень малым электрическим зарядом.

Что (1)* составляет *что (4)

В каждом атоме электроны составляют вокруг ядра электронную оболочку.

Что (4)* считают *чем (5)

Атом считают неделимой частицей. Молекулу считают мельчайшей частицей.

Кто/что (1)* считается *кем/чем (5)

Атом считался долгое время неделимой частицей.

***Что* (1) служит *чем* (5)**

Изоляторами могут служить янтарь, кварц, эбонит и все газы.

***Что* (1) служит для *чего* (2)**

Источники тока служат для питания электрическим током различных приборов.

<u>Задание 8.</u> Выберите подходящий по смыслу глагол и употребите его в нужной форме. 用适当动词的所需形式填空。

1. Электрон __________ отрицательным электрическим зарядом, а протон – положительным *(обладать – владеть)*.
2. Электроны и протоны __________ равные по величине электрические заряды *(иметь – обладать)*.
3. Атом __________ из ядра и вращающихся вокруг него мельчайших частиц, которые называются электронами *(состоять – составлять)*.
4. Главное преимущество переменного тока __________ в том, что можно с минимальными потерями передавать электрическую энергию на большие расстояния *(заключать – заключаться)*.
5. Генераторы устанавливаются на электростанциях и __________ единственным источником тока для питания электроэнергией предприятий, электрических железных дорог, трамвая, метро, троллейбусов *(служить – использовать)*.
6. Источники тока __________ для питания электрическим током различных приборов – потребителей тока *(применяться – использоваться)*.
7. Проводниками __________ все металлы, водные растворы солей и кислот (*являться – заключаться*).
8. Он __________ самым компетентным специалистом в этой компании *(считать – считаться)*.

<u>Задание 9.</u> Употребите подходящие по смыслу глаголы, данные ниже. 用所给的适当动词填空。

1. Согласно электронной теории все тела __________ из мельчайших частиц, называемых молекулами.
2. Молекула, в свою очередь, __________ из ещё более мелких частиц – атомов.
3. Долгое время учёные __________ атом неделимой частицей, и лишь в начале XX в. удалось определить внутреннее строение атома.
4. Каждый электрон атома __________ очень малым электрическим зарядом.
5. Протоны и нейтроны __________ ядро атома.
6. Внешними источниками энергии могут __________ так называемые источники электрического тока, обладающие определённой электродвижущей силой.
7. Вольт __________ единицей измерения напряжения.

8. Производством __________ сложный процесс, который включает в себя большое количество операций.

Слова для справок: *составлять, обладать, считать, состоять из, служить, являться, называться.*

Предтекстовые задания　课前练习

<u>Задание 10.</u> Прочитайте и запомните следующие слова и словосочетания. 阅读并记住下列词和词组。

ток: постоянный, переменный	电流：直流电，交流电
проводник	导管、导线、导体
изолятор	绝缘体
аккумулятор	蓄电池
трансформатор	变压器、变换器
напряжение	电压、压强、强度
сопротивление	电阻
движение	流动、运动、移动
заряд	电荷、充电
трение	摩擦、摩擦力
частица	分子、质子、质点、小部分
молекула	分子
атом	原子
ядро	核子，原子核
электрон	电子
протон	质子
строение	建造、组织、结构、构造
преимущество	优势
недостаток	缺点
электромагнитная индукция	电磁感应
строение: внутреннее строение атома	结构：原子内部结构
положительный	正面的、好的
отрицательный	反面的、不好的
заряженный: заряженные частицы	充电的、带电的：带电粒子

делить	分配
перемещать, перемещаться	调动、移动
заряжать, заряжаться	充电
вырабатывать, вырабатываться	制定、生产出
создавать/создать	创建、建立
повышать/ повысить	提高
понижать/ понизить	降低
приходить в движение / прийти в движение	启动、运动起来

Задание 11. Прочитайте следующие словосочетания. Обратите внимание на ударение в слове. **朗读下列词组，注意单词重音。**

А. Электрический ток, электронная теория, электрическое поле, мельчайшая частица, неделимая частица, заряженная частица, электрический заряд, упорядоченное движение, постоянный ток, переменный ток, минимальные потери, большое расстояние.

Б. Ядро атома, строение вещества, движение частиц, недостаток электронов, особенности переменного тока, сила тока, направление тока, машина постоянного тока, строение атома, проводники электрического тока.

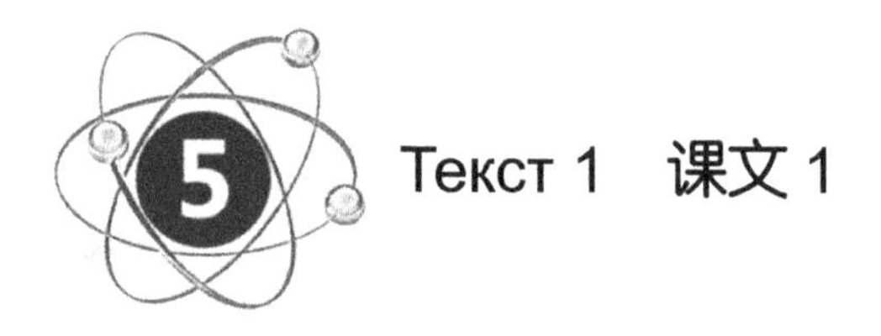

Задание 12. Прочитайте и переведите текст. **阅读并翻译课文。**

ЭЛЕКТРИЧЕСКИЙ ТОК И ЕГО ВИДЫ

Электрический ток – это упорядоченное движение заряженных частиц в проводнике. Чтобы он возник, следует предварительно создать электрическое поле, под действием которого эти заряженные частицы придут в движение.

Первые сведения об электричестве, появившиеся много столетий назад, относились к электрическим «зарядам», полученным посредством трения.

Современной теорией, объясняющей строение вещества, является электронная теория. Согласно этой теории все тела состоят из мельчайших частиц, которые называются молекулами. Молекула, в свою очередь, состоит из ещё более мелких частиц – атомов.

Долгое время учёные считали атом неделимой частицей, и лишь в начале XX в. удалось определить внутреннее строение атома. Атом состоит из ядра и вращающихся вокруг него мельчайших частиц, называемых электронами. Каждый электрон атома обладает очень малым электрическим зарядом.

Ядро атома состоит из протонов и нейтронов. Электроны и протоны имеют равные по величине электрические заряды. Электрон обладает отрицательным электрическим зарядом, а протон – положительным.

Следовательно, существуют как бы два рода электричества – положительное и отрицательное, о чём люди знали задолго до открытия электрического тока, но правильно объяснить этого не могли.

Если в теле мало электронов, то оно заряжается положительно, если же их много, то оно заряжается отрицательно.

В некоторых телах электрические заряды могут свободно перемещаться между различными частями, в других же это невозможно. В первом случае тела называют проводниками, а во втором – изоляторами.

Проводниками являются все металлы, водные растворы солей и кислот и др.

Изоляторами могут служить янтарь, кварц, эбонит и все газы.

Электрический ток бывает постоянным и переменным. Переменный ток получают при помощи генераторов переменного тока, используя явления электромагнитной индукции. В настоящее время почти вся электроэнергия вырабатывается в виде энергии переменного тока. Переменный ток получают на электростанциях, преобразуя с помощью генераторов механическую энергию в электрическую. Основное преимущество переменного тока (по сравнению с постоянным) заключается в том, что можно с минимальными потерями передавать электрическую энергию на большие расстояния и легко повышать или понижать напряжение с помощью трансформаторов. Кроме того, генераторы и двигатели переменного тока более просты по устройству, надёжней в работе и проще в эксплуатации по сравнению с машинами постоянного тока. Особенностями переменного тока являются также периодические изменения силы и направления тока, постоянный ток не имеет таких свойств. Например, при помощи переменного тока нельзя зарядить аккумулятор.

Послетекстовые задания　课后练习

Задание 13. Дайте определение следующим понятиям. 解释下列概念。

1. Электрический ток.
2. Молекула.
3. Атом.

Задание 14. Ответьте на вопросы к тексту. 回答课文问题。

1. Что такое электрический ток?
2. Что следует сделать, чтобы возник электрический ток?
3. Когда появились первые сведения об электричестве?

4. Из чего состоят все тела согласно электронной теории?
5. Из чего состоит молекула?
6. Из чего состоит ядро атома?
7. Что является проводниками?
8. Что может служить изолятором?
9. Какой бывает электрический ток?
10. Как получают переменный ток?

Задание 15. Закончите предложения, ориентируясь на информацию в тексте. 根据课文内容，续完句子。

1. Согласно электронной теории все тела состоят из мельчайших частиц, которые называются

____

____

2. Долгое время учёные считали атом неделимой частицей, и лишь в начале XX в.

____

____

3. Каждый электрон атома обладает очень малым

____

____

4. Электрон обладает отрицательным электрическим зарядом, а протон

____

____

5. Существуют как бы два рода электричества – положительное и отрицательное, о чём люди знали задолго до открытия электрического тока, но

____

____

6. В некоторых телах электрические заряды могут свободно перемещаться между различными частями, в

____

____

7. В настоящее время почти вся электроэнергия вырабатывается в виде

____

____

8. Переменный ток получают на электростанциях, преобразуя с помощью генераторов

____

____

9 Основное преимущество переменного тока (по сравнению с постоянным) заключается в том, что можно с минимальными потерями передавать электрическую

энергию на большие расстояния и

____

____

10. Особенностями переменного тока являются также периодические изменения силы и

____

____

Задание 16. Напишите антонимы к следующим словам. Ориентируйтесь на содержание текста. 根据课文内容，写出下列单词的反义词。

внутренний – положительный –
постоянный – максимальный –
недостаток – повышать –

Задание 17. Найдите в тексте предложения, содержащие прилагательные или наречия в сравнительной и превосходной степени. Определите их функцию в предложении. 找出课文中有形容词或副词比较级和最高级的句子。分析它们在句子中的作用。

Задание 18. Скажите, о чём идёт речь в тексте, используя следующие структуры: 用下列句子结构讲述课文内容：

речь идёт о + предложный падеж (6);

речь идёт о том, что...

Задание 19. Передайте краткое содержание текста. 简述课文内容。

Текст 2　课文 2

Задание 20. Прочитайте текст и выполните тестовое задание к нему. 阅读课文，完成相应测试题。

О ТОКАХ НУЛЕВОЙ, ПРЯМОЙ И ОБРАТНОЙ ПОСЛЕДОВАТЕЛЬНОСТИ

Существуют помимо постоянного и переменного тока ещё три вида токов. К ним относятся:

– токи нулевой последовательности;
– токи прямой последовательности;
– токи обратной последовательности.

Ток **нулевой последовательности** представляет собой сумму токов трёх фаз трёхфазной системы. В связи с этим в литературе есть обозначение «трёхкратный ток нулевой последовательности». Трёхкратный ток нулевой последовательности называют остаточным током или током замыкания на землю.

Ток нулевой последовательности представляет собой входящий фазный ток, но он не образует намагничивающей силы. Он имеется только при наличии нулевого провода. Ток нулевой последовательности протекает через нулевой рабочий проводник.

В отличие от тока нулевой последовательности **ток обратной последовательности** представляет собой ток, протекающий по фазным проводам. Из этого вытекает разность измерения.

Током прямой последовательности является трёхфазный переменный ток, который образует правое вращение намагничивающей силы в электрической машине.

Ток обратной последовательности вызывает вращение намагничивающей силы, обратное прямому.

Предполагается, что произвольную несимметричную систему трёх векторов тока можно разложить на три симметричные системы:
– систему токов прямой последовательности;
– систему токов обратной последовательности;
– систему токов нулевой последовательности.

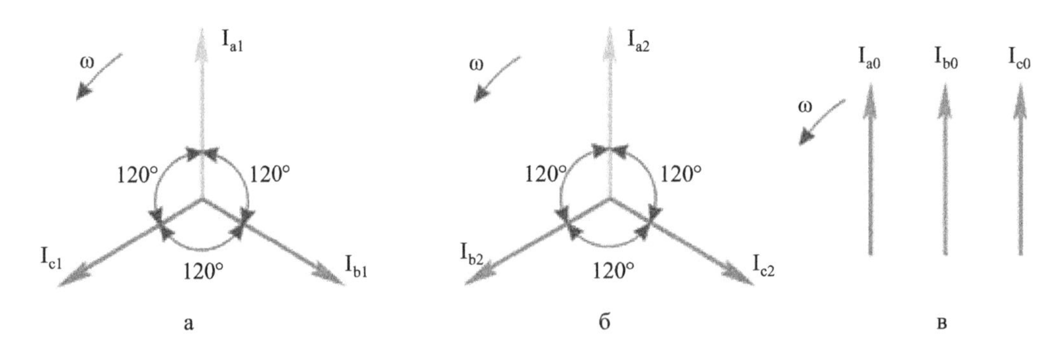

Рис. Симметричная система токов прямой (**а**), обратной (**б**) и нулевой (**в**) последовательностей.

Симметричная система токов прямой последовательности представляет собой три одинаковых по величине вектора с относительным сдвигом по фазе 120 градусов, которые вращаются против часовой стрелки. Чередование фаз А – В – С принимается по часовой стрелке (*рис.* ***а***). Аналогичные условия существуют для системы токов обратной последовательности с чередованием фаз А – С – В (*рис.* ***б***).

Система нулевой последовательности существенно отличается от прямой и обратной тем, что отсутствует сдвиг фаз (*рис.* ***в***). Нулевая система токов – это три однофазных тока, для которых три провода трёхфазной цепи представляют прямой провод, а обратным проводом служит земля или четвёртый (нулевой), по которому ток возвращается.

Тест

1. Ток нулевой последовательности представляет собой…
   А. сумму разных значений токов трёх фаз трёхфазной системы;
   Б. сумму мгновенных значений токов трёх фаз трёхфазной системы;
   В. сумму мгновенных значений токов двух фаз двухфазной системы.
2. Током прямой последовательности является трёхфазный переменный ток, который…
   А. образует правое вращение намагничивающей силы в электрической машине;
   Б. образует левое вращение намагничивающей силы в электрической машине;
   В. образует обратное вращение намагничивающей силы в электрической машине.
3. Ток нулевой последовательности протекает…
   А. через рабочий проводник;
   Б. через обратный проводник;
   В. через нулевой рабочий проводник.
4. Симметричная система токов прямой последовательности представляет собой…
   А. три одинаковых по величине вектора с относительным сдвигом по фазе 120 градусов, которые вращаются против часовой стрелки;
   Б. три одинаковых по величине вектора с относительным сдвигом по фазе 120 градусов, которые вращаются по часовой стрелке;
   В. три разных по величине вектора с относительным сдвигом по фазе 120 градусов, которые вращаются против часовой стрелки.
5. Нулевая система токов – это три однофазных тока, для которых…
   А. три провода трёхфазной цепи представляют обратный провод, а прямым проводом служит земля или четвёртый (нулевой), по которому ток возвращается;
   Б. три провода двухфазной цепи представляют прямой провод, а обратным проводом служит земля или четвёртый (нулевой), по которому ток возвращается;
   В. три провода трёхфазной цепи представляют прямой провод, а обратным проводом служит земля или четвёртый (нулевой), по которому ток возвращается.

ТЕМА 4. ЭЛЕКТРИЧЕСКИЕ ЦЕПИ ПОСТОЯННОГО ТОКА. ЭЛЕМЕНТЫ ЭЛЕКТРИЧЕСКОЙ ЦЕПИ

第四课　直流电电路　电路元件

Ключевые понятия: электрическая цепь, напряжение, проводники электроэнергии, источник питания, потребитель, электрические заряды, направленное движение, электрические аккумуляторы, электромеханические генераторы, электронагревательное устройство.

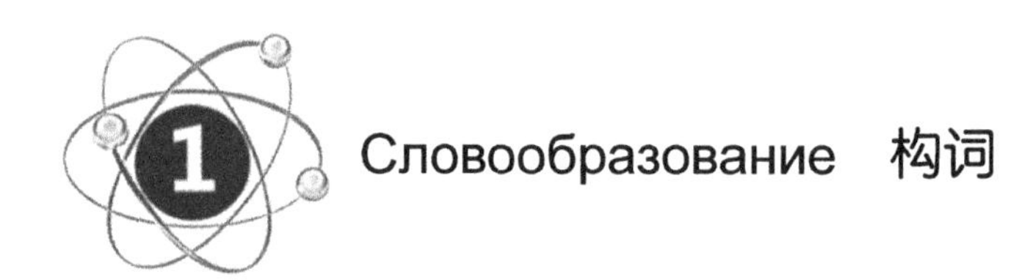

Словообразование　构词

Существительные на **-ЕНИе, -аНИе** часто имеют значение процесса действия. *Например: включ**ение** (включать), измер**ение** (измерять).*

Обычно после таких существительных употребляется имя существительное в родительном падеже: *образов**ание** (чего?) тока, включ**ение** (чего?) электроэнергии, измер**ение** (чего?) давления.*

<u>Задание 1.</u> Образуйте существительные от следующих глаголов, используя суффиксы -ЕНИ-, -НИ-. Запишите их. 借助后缀 **-ени-, -ни-** 将下列动词变成名词，并写下来。

Образец: *замыкать – замыка**ние***

размыкать – | использовать –
изменять – | изучать –
управлять – | подключать –
регулировать – | осуществлять –
изготовлять – | образовать –
создать – | требовать –
применять – | составлять –

Задание 2. Образуйте из следующих существительных глаголы. Запишите их. 把下列名词变成动词，并写下来。

изучение –
установление –
рассмотреть –
заземление –
выявление –
обслуживание –
снабжение –
строение –
обеспечение –
включение –
выключение –
измерение –
выполнение –
преобразование –
решение –
накопление –

Задание 3. Составьте словосочетание «существительное + существительное в родительном падеже». Запишите их. 用名词+二格名词组词，并写下来。

Образец: *накапливать опыт (4) – накопл**ение** опыта (2)*

создать электродвигатель –
получить электрический ток –
изучить и описать явление –
образовать электромагнитные поля –
построить генератор –
решить проблему –
использовать ток высокого напряжения –
выполнять операции –
включать электричество –
предоставлять услуги –
расширить область использования электроэнергии –

Грамматический комментарий 1 语法注解 1

Пассивные конструкции несовершенного вида образуются при помощи глаголов на -ся: *создавать – создаётся, преобразовать – преобразуется, включать – включается.* Они употребляются в трёх временных формах: *создаётся – создавался – будет создаваться.*

Задание 4. Употребите следующие глаголы в настоящем времени с -СЯ. Запишите их. 写出下列动词带 **-СЯ** 形式的现在时。

Образец: *решать – решает**ся***

обеспечивать –

называть –
создавать –
отдавать –
выполнять –
отмечать –
достигать –
получать –
признавать –
использовать –
открывать –
осуществлять –
разрабатывать –

Задание 5. Замените активные конструкции пассивными. Запишите их в настоящем времени. 用现在时被动结构替换主动结构。

Образец: *решать проблему (4) – проблема (1) решает**ся***

изучать химические элементы –
использовать новую технику –
разрабатывать схемы –
выпускать электроприборы –
реализовывать разработки –
решать проблему –
изготавливать электродвигатель –
строить линии электропередачи –

Задание 6. Замените активные конструкции пассивными. Запишите их в прошедшем времени. 用过去时被动结构替换主动结构。

Образец: *читать книгу – книга читала**сь***

пересказывать текст –
создавать трансформатор –
осуществлять планы –
обсуждать важную проблему –
разрабатывать схему –
создавать факультет –
выполнять домашнее задание –
основывать университет –

Грамматический комментарий 2 语法注解 2

При трансформации активной конструкции в пассивную слово, обозначающее носителя действия, употребляется в творительном падеже без предлога, отвечая на вопрос ***кем? чем?*** *Например: Учёный (1) создаёт теорию (4) матриц – Теория (1) матриц создаёт**ся** (кем?) учёным (5).*

Задание 7. Постройте предложение по образцу: 按示例造句。

Образец: *Студент (1) читает книгу (4) – Книга (1) читает**ся** студентом (5).*

1. Учёный разрабатывает теорию.

___

2. Он рассказывает историю.

___

3. Учёный применял теорию на практике.

___

4. Они используют электроэнергию.

___

5. Мы сдаём экзамены.

___

6. Студенты изучают русский язык.

___

7. Изобретатель применил электрическую тягу.

___

8. Александр Попов изобрёл радио.

___

Задание 8. Прочитайте предложения. Определите активные и пассивные конструкции. 朗读句子，明确主动和被动结构。

1. Инженер-строитель проектирует новые здания.

___

2. Математическая теория электрических машин создавалась английскими, американскими, российскими учёными.

___

3. Учёные создают новые проекты в области электротехники.

___

4. Иностранные студенты, которые обучаются в российских вузах, пишут и защищают дипломные работы на русском языке.

___

5. На конференции иностранные студенты обсуждали важную научную проблему.

___

6. Дипломные работы пишутся и защищаются иностранными студентами на русском языке.

___

7. Новые проекты в области электротехники создаются учёными.

___

8. На конференции иностранными студентами обсуждалась важная научная проблема.

____

Задание 9. Употребите глаголы в страдательном залоге, используя -ся. 使用动词带 -ся 形式的被动语态造句。

Образец: *Любые виды энергии* ***можно преобразовать*** *в электрическую энергию. – Любые виды энергии* ***преобразуются*** *в электрическую энергию.*

1. Электроэнергию можно передавать практически на любое расстояние достаточно дешевым способом – посредством линий электропередач.

____

____

2. Электроэнергию легко можно делить на любые части.

____

____

3. С помощью различных механизмов электрическую энергию можно преобразовать в механическую.

____

____

4. Без энергии невозможно было бы развивать вычислительную и космическую технику.

____

____

5. Процессы получения, передачи и потребления электроэнергии можно просто и эффективно автоматизировать.

____

____

6. Основным недостатком электроэнергии является то, что её невозможно запасать на какой-то длительный срок.

____

____

7. Трансформатор – это аппарат, при помощи которого переменный ток одного напряжения можно трансформировать в переменный ток другого напряжения.

____

____

8. Электроэнергию можно использовать в технологических установках для плавления металлов.

____

____

Модели научного стиля речи 科技语体句型

Что (1)* характеризуется *чем (5)

Все электроприёмники характеризуются электрическими параметрами, среди которых основными являются напряжение и мощность.

Что (1)* представляет собой *что (4)

Электрическая цепь представляет собой совокупность устройств, связанных между собой проводниками и образующих путь для электрического тока.

Что (1)* подразделяется *на что (4)

Все элементы электрической цепи подразделяются на три группы: источники питания, приёмники электрической энергии (электроприёмники) и элементы, предназначенные для передачи электроэнергии.

Что (1)* делится *на что (4)

Элементы электрической цепи делятся на источники питания, приёмники электроэнергии и элементы для передачи электроэнергии от источника питания к электроприёмнику.

Что (1)* преобразуется *во что (4)

С помощью источников питания различные виды энергии преобразуются в электрическую энергию.

Что (4)* преобразуют *во что (4)

Приёмники электроэнергии преобразуют электрическую энергию в другие виды энергии, например, электродвигатели – в механическую, лампы – в световую, аккумуляторы – в химическую и т. д.

Что (1)* преобразовано *во что (4)

В машинных генераторах механическая энергия преобразована в электрическую энергию.

Задание 10. Измените предложения, используя конструкцию «что (1) представляет собой что (4)». Запишите их. 用«что представляет собой что»结构改写句子。

1. Университет – это высшее учебное заведение, обучающее специалистов разного профиля.

____

____

2. Электрический ток есть направленное движение носителей электрических зарядов.

____

____

3. Электрическая цепь – это совокупность устройств, которые связаны между собой проводниками и образуют путь для электрического тока.

____

____

4. Управление производством есть целенаправленное воздействие на коллектив и отдельных работников.

____

____

5. Организация – это самая распространённая форма человеческой общности, первичная ячейка общества.

____

____

6. Вода есть прозрачная жидкость без цвета и запаха.

____

____

7. Электротехника – область науки и техники, изучающая электрические и магнитные явления и их использование в практических целях.

____

____

8. Ампер – это единица измерения силы тока.

____

____

Задание 11. Вставьте вместо пропусков подходящие по смыслу глаголы в нужной форме. 用适当动词的所需形式填空。

1. Все элементы электрической цепи __________ на три группы *(подразделять – подразделяться)*.
2. С помощью источников питания различные виды энергии __________ в электрическую энергию *(преобразовать – преобразоваться)*.
3. Приёмники электрической энергии __________ электроэнергию в другие виды энергии *(преобразовать – преобразоваться)*.
4. Направленное движение носителей электрических зарядов __________ электрическим током *(называть – называться)*.
5. Отдельные устройства, составляющие электрическую цепь, __________ элементы электрической цепи *(представляться – представлять собой)*.
6. В аккумуляторах химическая энергия __________ в электрическую энергию

(преобразован – преобразоваться).

7. Во время кризиса __________ падение акций многих компаний *(характерно – характеризоваться)*.
8. 19 век __________ выдающимися изобретениями и открытиями в области электротехники *(характеризовать – характеризоваться)*.

Предтекстовые задания　课前练习

Задание 12. Прочитайте и запомните следующие слова. 朗读并记住下列单词。

цепь	电路
заряд	电荷
движение	流动、运动、移动
качество	质量
уровень	水平
прибор	仪器
потребитель	顾客、用户、用电设备、耗电器
проводник	导体、导线、导管
напряжение	电压、压强
элемент	元件、元素
направлять	导向、发出、派出
направленное движение	定向移动
носитель	载体
источник энергии	电源
приёмник энергии	能量接收器
аккумулятор	蓄电池
трансформатор	变压器
расстояние	距离
устройство	装置、设备
защитные устройства	安全装置、防护装置
преобразующие устройства	转换装置
вспомогательный	辅助的
гальванический	电流的
электроизмерительный	电工测量的、测量电能的
потреблять	需要
преобразовать	改造、改革
генерировать	发生、振荡

передавать 传递、转交

соединять 接通

энергия: механическая энергия, химическая энергия, тепловая энергия, энергия излучения, световая энергия 能量、能：机械能，化学能，热能，辐射能，光能

<u>Задание 13.</u> Прочитайте следующие словосочетания. Обращайте внимание на ударение. 朗读下列词组，注意重音。

А. Электрический ток, электрическая энергия, электрическая цепь, направленное движение, электрические заряды, отдельные устройства, механическая энергия, тепловая энергия, гальванические элементы, электрические аккумуляторы, электромеханические генераторы, термоэлектрические генераторы, нагревательные и осветительные приборы, электрические параметры, вспомогательные элементы, электроизмерительные приборы, защитные устройства.

Б. Источники электроэнергии, источники питания, элементы электрической цепи, приёмники электрической энергии, качество напряжения, действие источников и приёмников.

Текст 1 课文 1

<u>Задание 14.</u> Прочитайте и переведите текст. 阅读并翻译课文。

ЭЛЕКТРИЧЕСКАЯ ЦЕПЬ.
ЭЛЕМЕНТЫ ЭЛЕКТРИЧЕСКОЙ ЦЕПИ

Как уже известно, направленное движение носителей электрических зарядов называется электрическим током. Для получения направленного непрерывного движения носителей электрических зарядов необходимо создать электрическую цепь. Эта цепь должна состоять из источников и приёмников электрической энергии, которые соединяются между собой проводниками. Таким образом, электрическая цепь представляет собой совокупность устройств, обеспечивающих генерирование, передачу и использование электрической энергии. Эти устройства связаны между собой проводниками и образуют путь для электрического тока.

Отдельные устройства, составляющие электрическую цепь, называются элементами электрической цепи. Они подразделяются на три группы.

Первую группу составляют элементы, предназначенные для выработки электроэнергии. Их называют источниками электроэнергии или **источниками питания**. Они генерируют электрическую энергию. С помощью источников питания различные виды энергии преобразуются в электрическую энергию.

Вторая группа – элементы, преобразующие электроэнергию в другие виды энергии (механическую, тепловую, световую, химическую и т.д.). Эти элементы называются **приёмниками** электрической энергии. Они имеют еще название электроприёмников или **потребителей**.

В третью группу входят элементы, предназначенные для передачи электроэнергии от источника питания к электроприёмнику. Они называются **проводниками.** К ним относятся провода, устройства, обеспечивающие уровень и качество напряжения, и др.

Источники питания цепи постоянного тока – это гальванические элементы, электрические аккумуляторы, электромеханические генераторы, термоэлектрические генераторы, фотоэлементы и др.

Электроприёмниками постоянного тока являются электродвигатели, преобразующие электрическую энергию в механическую, нагревательные и осветительные приборы и др. Все электроприёмники характеризуются электрическими параметрами, среди которых самые основные – напряжение и мощность.

Действие источников электрической энергии

Каково действие источников и приёмников (потребителей) электрической энергии? С помощью источников электрической энергии различные виды энергии преобразуются в электрическую энергию. Например:

– в машинных генераторах в электрическую энергию преобразуется механическая энергия;

– в аккумуляторах химическая энергия преобразуется в электрическую энергию;

– в термогенераторах в электрическую энергию преобразуется тепловая энергия;

– в фотоэлементах в электрическую энергию преобразуется энергия излучения и т.д.

Приёмники (или потребители), наоборот, преобразуют электрическую энергию в другие виды энергии; например, электродвигатели преобразуют электроэнергию в механическую, электронагревательные устройства – в тепловую, лампы – в световую, аккумуляторы – в химическую и т.д.

Вспомогательные элементы в электрической цепи

Кроме того, в электрических цепях есть вспомогательные элементы**.** К ним относятся:

– аппаратура, служащая для включения и отключения отдельных участков цепи;

– электроизмерительные приборы;

– защитные устройства;

– преобразующие устройства, к которым относятся трансформаторы, инверторы; с их помощью передаётся электроэнергия на дальние расстояния и распределяется между потребителями.

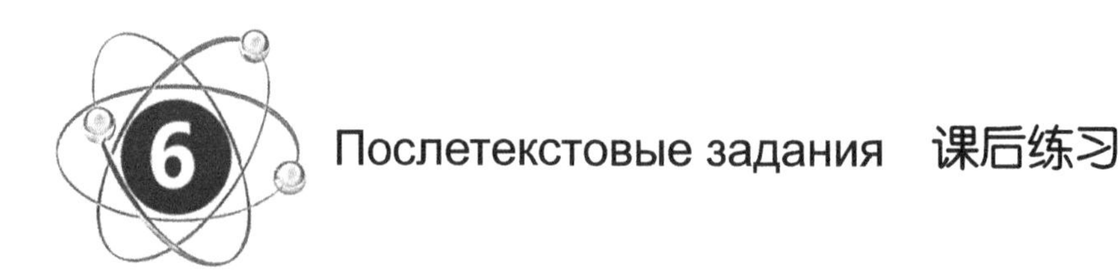

Послетекстовые задания 课后练习

<u>Задание 15.</u> Дайте определение следующим понятиям: 解释下列概念：

– электрический ток;
– электрическая цепь;
– элементы электрической цепи;
– источники электрической цепи;
– приёмники (потребители) электрической цепи.

<u>Задание 16.</u> Ответьте на вопросы к тексту. 回答课文问题。

1. Что нужно создать для получения направленного непрерывного движения носителей электрических зарядов?
2. Из чего должна состоять электрическая цепь?
3. Для чего предназначены источники питания?
4. Для чего предназначены приёмники (потребители) электрической энергии?
5. Какие элементы электрической цепи входят в третью группу?
6. Что такое источники питания цепи постоянного тока?
7. Какими параметрами характеризуются электроприёмники (потребители)?
8. С помощью чего различные виды энергии преобразуются в электрическую энергию?
9. Что преобразует электрическую энергию в другие виды энергии?
10. Что относится к вспомогательным элементам электрической цепи?

<u>Задание 17.</u> Закончите предложения, ориентируясь на содержание текста. 根据课文内容，续完句子。

1. Электрическая цепь представляет собой совокупность устройств, обеспечивающих генерирование, передачу и

____

2. Отдельные устройства, составляющие электрическую цепь, называются

____

3. С помощью источников питания различные виды энергии

____

4. Источники питания цепи постоянного тока – это гальванические элементы, электрические аккумуляторы, электромеханические

____

5. Электроприёмниками постоянного тока являются электродвигатели, преобразующие

электрическую энергию в

____

6. В третью группу входят элементы, предназначенные для передачи электроэнергии от источника питания

____

7. С помощью источников электрической энергии различные виды энергии преобразуются в электрическую энергию, например, в машинных генераторах в электрическую энергию

____

8. Приёмники (или потребители) преобразуют электрическую энергию в другие виды энергии, например, электродвигатели преобразуют

____

9. К вспомогательным элементам относится аппаратура, служащая для включения и отключения

____

10. К преобразующим устройствам относятся трансформаторы, инверторы; с их помощью передаётся электроэнергия на

____

<u>Задание 18.</u> Вставьте пропущенные глаголы в текст (см. модели и текст). 用动词填空（见句型）。

Направленное движение носителей электрических зарядов __________ электрическим током. Для получения направленного непрерывного движения носителей электрических зарядов необходимо __________ электрическую цепь. Эта цепь должна __________ из источников и приёмников электрической энергии, которые соединяются между собой проводниками. Таким образом, электрическая цепь __________ собой совокупность устройств, обеспечивающих генерирование, передачу и использование электрической энергии.

Отдельные устройства, составляющие электрическую цепь, __________ элементами электрической цепи. Они __________ на три группы.

Первую группу составляют элементы, предназначенные для выработки электроэнергии. Их __________ источниками электроэнергии или источниками питания. С помощью источников питания различные виды энергии __________ в электрическую энергию.

Вторая группа – элементы, преобразующие электроэнергию в другие виды энергии (механическую, тепловую, световую, химическую и т.д.). Эти элементы __________ приёмниками электрической энергии.

В третью группу входят элементы, предназначенные для передачи электроэнергии от источника питания к электроприёмнику (провода, устройства, обеспечивающие уровень и качество напряжения, и др.).

Электроприёмниками постоянного тока являются электродвигатели, преобразующие электрическую энергию в механическую, нагревательные и осветительные приборы и др. Все электроприёмники __________ электрическими параметрами, среди которых самые основные – напряжение и мощность.

С помощью источников электрической энергии различные виды энергии __________ в электрическую энергию. Приёмники преобразуют электрическую энергию в другие виды энергии, например, электродвигатели __________ электроэнергию в механическую, электронагревательные устройства – в тепловую, лампы – в световую, аккумуляторы – в химическую и т.д.

<u>Задание 19.</u> Познакомьтесь с планом к тексту. 了解短文提纲。

План

1. Электрическая цепь.
2. Элементы электрической цепи.
3. Источники питания (1 группа).
4. Приёмники/потребители (2 группа).
5. Проводники электроэнергии (3 группа).
6. Вспомогательные элементы электрической цепи.

<u>Задание 20.</u> Передайте краткое содержание текста согласно плану. 根据提纲，简述短文内容。

Текст 2　课文 2

<u>Задание 21.</u> Прочитайте текст и выполните тестовое задание к нему. 阅读课文，完成相应测试题。

ЭЛЕКТРОДВИЖУЩАЯ СИЛА И НАПРЯЖЕНИЕ

Для того чтобы электрический ток был в проводнике, необходим внешний источник энергии, который всё время поддерживал бы разность потенциалов на концах этого проводника.

Такими источниками энергии служат так называемые источники электрического тока, обладающие определённой электродвижущей силой, которая создаёт и длительное время поддерживает разность потенциалов на концах проводника.

Электродвижущая сила (сокращенно ЭДС) обозначается буквой Е. Единицей измерения

ЭДС служит вольт. В России вольт сокращённо обозначается буквой «В», а в международном обозначении – буквой «V».

Итак, чтобы получить непрерывное течение электрического тока, нужна электродвижущая сила, т. е. нужен источник электрического тока.

В настоящее время химическими источниками тока являются гальванические элементы и аккумуляторы. Они широко применяются в электротехнике и электроэнергетике.

Другим основным источником тока, получившим широкое распространение во всех областях электротехники и электроэнергетики, являются генераторы.

Генераторы устанавливаются на электрических станциях и служат единственным источником тока для питания электроэнергией промышленных предприятий, электрического освещения городов, электрических железных дорог, трамвая, метро, троллейбусов и т.д.

Источники тока служат для питания электрическим током различных приборов – потребителей тока. Потребители тока при помощи проводников соединяются с полюсами источника тока, образуя замкнутую электрическую цепь. Разность потенциалов, которая устанавливается между полюсами источника тока при замкнутой электрической цепи, называется напряжением. Таким образом, если в цепи нет напряжения, нет и тока.

Напряжение обозначается буквой U, а его единицей измерения, так же как и ЭДС, служит вольт. Для того чтобы измерить напряжение, применяют электроизмерительный прибор, который называется вольтметром.

Силой тока называется величина, которая равна отношению электрического заряда, прошедшего через поперечное сечение проводника, к времени его протекания. Для того чтобы измерить силу тока в цепи, применяют электроизмерительный прибор, который называется амперметром.

Тест

1. Источниками энергии служат так называемые источники электрического тока, обладающие определённой электродвижущей силой, которая…
   А. создаёт и длительное время поддерживает разность потенциалов на концах проводника;
   Б. создаёт и довольно короткое время поддерживает разность потенциалов на концах проводника;
   В. создаёт и в особых случаях поддерживает разность потенциалов на концах проводника.
2. Чтобы получить непрерывное течение электрического тока,…
   А. не нужен источник электрического тока;
   Б. нужен источник электрического тока;
   В. нужен генератор.
3. В настоящее время химическими источниками тока являются…
   А. аккумуляторы;

Б. гальванические и химические элементы;

В. гальванические элементы и аккумуляторы.

4. Другим основным источником тока, получившим широкое распространение во всех областях электротехники и электроэнергетики, являются…

   А. линия электропередач;

   Б. роторы;

   В. генераторы.

5. Для того чтобы измерить силу тока в цепи, применяют электроизмерительный прибор, который называется…

   А. вольтметром;

   Б. амперметром;

   В. омметром.

ТЕМА 5. ЭНЕРГЕТИЧЕСКАЯ СИСТЕМА. УНИВЕРСАЛЬНЫЕ СВОЙСТВА ЭЛЕКТРИЧЕСКОЙ ЭНЕРГИИ

第五课　电力系统 电能的万能属性

Ключевые понятия: электрические и тепловые сети, универсальные свойства, процесс производства и преобразования электроэнергии, потребление энергии, распределение электрической энергии, плазма, кибернетика, физические процессы, мощность, электрохимия.

Словообразование　构词

В русском языке с помощью суффиксов **-ЦИ-**, **-АЦИ-**, **-ЯЦИ-** образуются существительные женского рода (ж.р.) со значением процесса или результата действия: систематизировать – систематиз**ация**, автоматизировать – автоматиз**ация**. При этом ударение всегда падает на суффиксы **-аци-** и **-яци-**: *информировать – информ**ация**, электрифицировать – электрифик**ация**.*

<u>Задание 1.</u> Образуйте от следующих глаголов имена существительные со значением процесса или результата действия при помощи суффиксов -ЦИ-, -АЦИ-, -ЯЦИ-. Запишите их. 借助后缀 **-ЦИ-, -АЦИ-, -ЯЦИ-** 将下列动词变成具有过程或者行为结果意义的名词，并写下来。

коммуницировать –　　　　информировать –
механизировать –　　　　организовать –
эксплуатировать –　　　　рекламировать –
трансформировать –　　　　документировать –
иллюстрировать –　　　　систематизировать –

Грамматический комментарий 语法注解

Пассивные конструкции с о в е р ш е н н о г о в и д а образуются при помощи краткого пассивного причастия совершенного вида с суффиксами **-Н-, -ЕН-, -Т-:** *написать – написа**н**, выполнить – выполн**ен**, закрыть – закры**т**.*

Обратите внимание на изменение согласных при образовании краткого пассивного причастия совершенного вида с суффиксами **-ЕН-/-ЁН-** от глаголов с основой на **И**: *изучить – изуч**ен**.*

Чтобы избежать ошибки, необходимо поставить глаголы в форме 1-го лица ед. числа, например: *составить – я **составлю** – составл**ен**.*

<u>Задание 2.</u> Образуйте краткие причастия от следующих глаголов. Запишите их. 构成下列动词的短尾形动词形式，并写下来。

Образец: *образовать – образова**н***

передать –
применить –
открыть –
закрыть –
исследовать –
осуществить –
выполнить –
использовать –
выработать –
развить –
получить –
изменить –
преобразовать –
автоматизировать –
трансформировать –
связать –

<u>Задание 3.</u> Постройте конструкцию по образцу. 按示例造句。

Образец: *прочитать книгу (4) – книга (1) прочита**на***

написать статью –
выучить текст –
открыть книгу –
разработать программу –
выполнить домашнее задание –
отдать учебник –
составить план –
решить проблему –
обсудить текст –
осуществить планы –

Задание 4. Вместо глагола употребите краткую форму причастия совершенного вида в прошедшем времени. Запишите. 用过去时完成体形动词短尾形式替换动词，并写下来。

Образец: *выполнить задание (4) – задание (1) было выполн**ено***

использовать электроэнергию –

автоматизировать процессы производства –

связать элементы –

разработать программу –

получить результат –

передать электроэнергию –

составить схему –

применить новые технологии –

изучить элетротехнику –

создать новые приборы –

Задание 5. Выберите правильную форму глагола из двух предложенных вариантов в скобках. 选择括号中的正确选项填空。

В 70-80-е годы 19 века __________ проблема передачи электроэнергии на расстояние *(решили – была решена)*. В 1874 году Ф.А. Пироцкий пришёл к выводу о производстве электроэнергии в тех местах, где имеются дешёвые топливные или гидроэнергетические ресурсы. В 1880-81 годы Д. Лачинов и М. Депре независимо друг от друга __________ в линии электропередачи (ЛЭП) использовать ток высокого напряжения *(предложили – было предложено)*. Первая линия электропередачи на постоянном токе __________ Депре в 1882 году между городами Мисбахом и Мюнхеном *(построили – была построена)*. Длина линии составляла 57 км, напряжение в ней 1,5-2 кВ. Однако попытки осуществить электропередачу на постоянном токе оказались неэффективными, так как, с одной стороны, технические возможности получения постоянного тока высокого напряжения были ограничены, а с другой, __________ её потребление *(затрудняли – было затруднено)*. Поэтому велись работы по применению однофазного переменного тока, напряжение которого можно было изменять *(повышать и понижать)* с помощью однофазного трансформатора. Создание такого трансформатора __________ проблему передачи электроэнергии *(решило – было решено)*. Однако широкое применение однофазного переменного тока в промышленности было невозможно из-за того, что однофазные электродвигатели не удовлетворяли требованиям, и поэтому его применение __________ лишь установками электрического освещения *(ограничивали – было ограничено)*.

Модели научного стиля речи 科技语体句型

Что (4)* понимают под *чем (5)

Под элементами электрической цепи понимают отдельные устройства, составляющие электрическую цепь.

Что (1)* понимается под *чем (5)

Под энергетической системой понимается совокупность электростанций, электрических и тепловых сетей, соединённых между собой и связанных общностью режима в непрерывном процессе производства, преобразования и распределения электрической энергии и тепла при общем управлении этим режимом.

Что (4)* рассматривают как *что (4)

Изобретение электродвигателя рассматривают как величайшее достижение 19 века в области электротехники.

Что (1)* рассматривается как *что (1)

В электроэнергетической системе осуществляются выработка, преобразование, передача и потребление электрической энергии, в связи с этим она рассматривается как единое целое относительно происходящих в ней физических процессов.

Кто (1)* существляет *что (4)

Наш университет осуществляет подготовку специалистов в области электротехники и автоматики.

Что (1)* осуществляется *кем/чем (5)

В электрической части энергетической системы осуществляются выработка, преобразование, передача и потребление электрической энергии.

Что (4)* используют *для чего (2), в каких целях

Электроэнергию широко используют в технологических установках для нагрева изделий, плавления металлов, сварки, электролиза, для получения новых материалов.

Что (1)* используется *для чего (2)

Электроэнергия используется в технологических установках для плавления металлов, сварки, нагрева изделий, электролиза, для получения новых материалов.

Что (4)* передают *куда, на что (4)

Уже в середине 19 века могли передавать информацию на расстояние с помощью электромагнитного телеграфа.

Что (1)* передаётся *куда (4)

Электроэнергия передаётся практически на любое расстояние достаточно дешёвым способом – посредством линий электропередач.

Что (1)* связано с *чем (5)

С электроэнергетикой связаны новые области развития техники, например, магнитная подушка для транспортных средств, электромагнитные насосы для перекачивания жидких металлов и т.п.

Задание 6. Употребите вместо пропусков подходящий по смыслу глагол в соответствующей форме. 用适当动词的适当形式填空。

1. Эти устройства __________ во многих областях науки и техники для учёта и измерения слабых световых потоков *(использовать – использоваться)*.
2. С электроэнергетикой __________ новые области развития техники, к примеру, электромагнитные насосы для перекачивания жидких металлов *(связан– связываться)*.
3. В этой статье автором __________ актуальные проблемы, связанные с защитой окружающей среды *(рассматривать – рассматриваться)*.
4. Электроэнергию можно __________ практически на любое расстояние достаточно дешёвым способом – посредством линий электропередач *(передавать – передаётся)*.
5. Любые виды энергии (тепловая, атомная механическая, химическая, энергия водного потока) легко __________ в электрическую *(преобразовать – преобразоваться)*.
6. Под электрическим током __________ упорядоченное движение заряженных частиц в проводнике *(понимать – понимается)*.
7. Под электроэнергетической системой понимается электрическая часть энергетической системы, в которой __________ выработка, преобразование, передача и потребление электрической энергии и которая рассматривается как единое целое *(осуществлять – осуществляться)*.
8. Электроэнергия легко__________ на любые части *(делить – делиться)*.

Задание 7. Вместо пропусков употребите подходящие по смыслу глаголы, данные ниже. 用适当动词填空。

1. В этой книге писатель __________ отношения между взрослыми и детьми и связанные с этим проблемы.
2. В настоящее время банки __________ через интернет все основные банковские операции.
3. Трудовая деятельность человека __________ на основе использования разного рода ресурсов.
4. Под конкурсом __________ соревнование между отдельными людьми или командами.
5. Управление приборами, в которых __________ электроэнергия, обычно очень простое.
6. Рост затрат на управление энергосистемой __________ с использованием

современной вычислительной компьютерной техники, повышением квалификации специалистов и т.д.

7. В деятельности человека активно __________ различные виды ресурсов, в том числе информационные.
8. Во многих технических вузах России __________ подготовка специалистов в области электротехники и автоматики.

Слова для справок: *понимается, используются, происходит, осуществляют, осуществляется, связан, рассматривает, передаётся.*

Предтекстовые задания 课前练习

Задание 8. Прочитайте и запомните следующие слова и словосочетания. 阅读并记住下列单词和词组。

энергетическая система	送电网、动力系统
электроэнергетическая система	电力系统
электростанция	电站
сеть: тепловая сеть	网：供热网
совершенствование	完善
производство	生产
научно-технический прогресс	科技进步
универсальные свойства	万能属性
энергия: тепловая, атомная, механическая, химическая	能、能源：热能，核能，机械能，化学能
расстояние	距离
линия электропередачи	输电线
мощность	功率
электроприёмник	用电设备、受电器
срок	期限
потребление	消耗、需要
передача	传递，传动装置
получение	获得、得到
преобразование	改造
распределение	分配、配电

выключатель	开关、断路器
нагрев	供暖、加热
изделие	制品、产品
плавление металлов	金属熔化
плазма	等离子体
сопротивление	电阻
замыкание	闭合、短路
напряжение	电压、应力
снижение	降低
увеличение	扩大、提高
эффективно	有效地
допустимо	可能地、可行地
нагревать	加热
автоматизировать	使自动化
запасать	储藏
допускать	允许、准许

Задание 9. Прочитайте следующие словосочетания, обратите внимание на ударение. **朗读下列词组，注意重音。**

А. Электроэнергетическая система, электрические и тепловые сети, физические процессы, техническое совершенствование, универсальные свойства, технический объект, искусственное освещение, компьютерная техника, вычислительная и космическая техника.

Б. Процесс производства, процесс преобразования, процесс распределения, потребление энергии, совершенствование производства, нагрев изделий, плавление металлов, получение плазмы, получение новых материалов, очистка материалов и газов, развитие кибернетики.

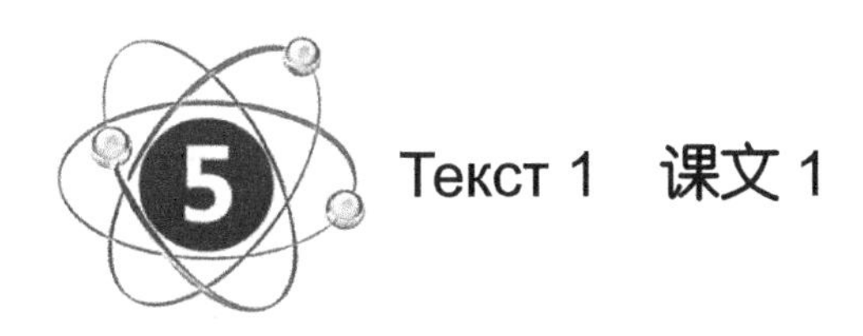

Текст 1　课文 1

Задание 10. Прочитайте и переведите текст. **阅读并翻译课文。**

ЭНЕРГЕТИЧЕСКАЯ СИСТЕМА. УНИВЕРСАЛЬНЫЕ СВОЙСТВА ЭЛЕКТРИЧЕСКОЙ ЭНЕРГИИ

Существует немало определений понятию «энергосистема». Познакомимся с одним из них.

Энергетической системой является совокупность электростанций, электрических и тепловых сетей, соединённых между собой и связанных общностью режима в непрерывном процессе производства, преобразования и распределения электрической энергии и тепла при общем управлении этим режимом.

Однако следует помнить, что энергетическую систему может также представлять и технический объект – как совокупность электростанций, приёмников электрической энергии и электрических сетей, соединённых между собой и связанных общностью режима.

Следует также знать, что электроэнергетическая система является электрической частью энергетической системы, в которой осуществляются выработка, преобразование, передача и потребление электрической энергии и которая рассматривается как единое целое в отношении протекающих в ней физических процессов.

Развитие электроэнергетики является основным условием технического совершенствования производства и научно-технического прогресса. Электрическая энергия имеет универсальные свойства. Рассмотрим эти свойства.

1. Любые виды энергии (тепловая, атомная, механическая, химическая, энергия водного потока) легко преобразуются в электрическую, и, наоборот, электрическая энергия легко может быть преобразована в какой-то другой вид энергии.

2. Электроэнергию можно передавать практически на любое расстояние достаточно дешёвым способом – посредством линий электропередач.

3. Электроэнергия легко делится на любые части: мощность электроприёмников может быть от долей ватта до тысяч киловатт.

4. Процессы получения, передачи и потребления электроэнергии можно просто и эффективно автоматизировать.

5. Управление приборами, в которых используется электроэнергия, обычно очень простое (нажать кнопку выключателя и т.п.).

Основным недостатком электрической энергии является невозможность её запасать на какой-то длительный срок.

С помощью различных механизмов электрическая энергия преобразуется в механическую. Электрическую энергию широко используют в технологических установках для нагрева изделий, плавления металлов, сварки, электролиза, для получения плазмы, новых материалов с помощью электрохимии, для очистки материалов и газов и т.д.

Без электроэнергии немыслима работа современных средств связи: телеграфа, телефона, радио, телевидения, компьютерной техники, Интернета. Без неё невозможно было бы развитие кибернетики, вычислительной и космической техники и т.д. Электроэнергия является сейчас практически единственным видом энергии для искусственного освещения.

С электроэнергетикой связаны новые области развития техники, например, магнитная подушка для транспортных средств, электромагнитные насосы для перекачивания жидких металлов и т.п.

Послетекстовые задания 课后练习

<u>Задание 11.</u> Ответьте на вопросы к тексту. 回答课文问题。

1. Что такое энергетическая система? Дайте определение.
2. Что такое электроэнергетическая система?
3. Какие виды энергии легко преобразуются в электрическую энергию?
4. Каким способом можно передавать электроэнергию на любое расстояние?
5. Можно поделить электроэнергию на части?
6. Какие процессы можно просто и эффективно автоматизировать?
7. Каким является управление приборами, в которых используется электроэнергия?
8. Что является основным недостатком электрической энергии?
9. Где и для чего используют электрическую энергию?
10. Какие области развития техники связаны с электроэнергетикой?

<u>Задание 12.</u> Закончите предложения, ориентируясь на содержание текста. 根据课文内容，续完句子。

1. Электроэнергетическая система является электрической частью энергетической системы, в которой осуществляются выработка

____

2. Энергетическую систему может также представлять и технический объект – как совокупность электростанций, приёмников электрической энергии и электрических сетей,

____

3. Развитие электроэнергетики является основным условием технического совершенствования производства и

____

4. Любые виды энергии (тепловая, атомная, механическая, химическая, энергия водного потока) легко преобразуются в

____

5. Электроэнергия легко делится на

____

6. Управление приборами, в которых используется электроэнергия, обычно

____

7. Основным недостатком электрической энергии является

____

8. Электрическую энергию широко используют в технологических установках для нагрева изделий, плавления металлов, сварки, электролиза, для

____

9. Без неё невозможно было бы развитие кибернетики, вычислительной и

____

10. С электроэнергетикой связаны новые области развития техники, например,

____

Задание 13. Вставьте пропущенные слова и словосочетания. Ориентируйтесь на содержание текста. 根据课文内容，在空白处填上单词和词组。

1. Электроэнергия легко __________ на любые части.
2. Процессы получения, передачи и потребления __________ можно просто и эффективно автоматизировать.
3. Управление приборами, в которых используется электроэнергия, обычно очень __________ (нажать кнопку выключателя и т.п.).
4. Основным __________ электрической энергии является невозможность её запасать на какой-то длительный срок.
5. С помощью различных механизмов электрическая __________ преобразуется в механическую.
6. Электрическую энергию широко __________ в технологических установках для нагрева изделий, плавления металлов, сварки, для получения плазмы, новых материалов с помощью электрохимии, для очистки материалов и газов и т.д.
7. Без электроэнергии немыслима работа современных средств связи: телеграфа, телефона, радио, телевидения, компьютерной техники, __________ .
8. Без неё невозможно было бы развитие кибернетики, вычислительной и космической __________ .

Задание 14. Скажите, о чём идёт речь в тексте. Используйте структуру «речь идёт о», «речь идёт о том, что». 使用«речь идёт о», «речь идёт о том, что»结构讲述课文内容。

Задание 15. Передайте краткое содержание текста. 简述课文内容。

Текст 2 课文 2

Задание 16. Ознакомьтесь с информацией, предложенной в тексте, и выполните тестовое задание. 理解课文内容，完成测试题。

ПОЛУПРОВОДНИКОВЫЕ ЭЛЕКТРИЧЕСКИЕ ПРИБОРЫ

Полупроводниковыми называются приборы, работа которых основана на электронных процессах, возникающих в полупроводниках. В полупроводниках обычно свободных электронов очень мало, поэтому собственная проводимость невелика. Если в полупроводники вводятся какие-либо примеси, то возникает дополнительная примесная проводимость, которая обуславливает силу тока.

Полупроводники бывают *n*-типа и *p*-типа. В полупроводниках первого типа содержатся такие примеси, атомы которых легко отдают свои электроны, тем самым увеличивая число свободных электронов в полупроводнике. В полупроводниках второго типа примеси способствуют образованию дырок, увеличивая дырочную проводимость. То есть можно сказать, что полупроводники бывают с электронной и дырочной проводимостью.

К полупроводниковым приборам относятся диоды. Обычно диоды изготавливаются из германия, кремния и арсенида галлия. По назначению их подразделяют на:

– выпрямительные;
– детекторные;
– переключательные;
– стабилизаторы напряжения.

Полупроводниковые выпрямители надёжны в работе, имеют длительный срок службы. Их недостатком является то, что они имеют ограничения по температуре, т.е. работают в интервале от –70° С до +125° С.

Если полупроводник осветить большим количеством света, то его электрическая проводимость сильно возрастёт. Такое явление называется фотоэлектрическим эффектом. Приборы, действие которых основано на фотоэлектрическом эффекте, называются фоторезисторами или фотосопротивлениями.

Положительными качествами фоторезисторов являются миниатюрность размеров, высокая чувствительность при замерах и т.д. Эти качества дают возможность использовать данные устройства во многих областях науки и техники для учёта и измерения слабых световых потоков.

Тест

1. В полупроводниках обычно свободных электронов…

   А. очень мало, поэтому собственная проводимость невелика;

   Б. очень немного, поэтому собственная проводимость велика;

   В. очень много, поэтому собственная проводимость велика.

2. По назначению диоды подразделяют на…

   А. выпрямительные, детекторные, переключательные, стабилизаторы напряжения;

   Б. выпрямительные, детекторные, стабилизаторы напряжения;

   В. выпрямительные, переключательные, стабилизаторы напряжения.

3. Обычно диоды изготавливаются из…

   А. германия и арсенида галлия;

   Б. германия и кремния;

   В. германия, кремния и арсенида галлия.

4. Если полупроводник осветить большим количеством света, то…

   А. его электрическая проводимость сильно возрастёт;

   Б. его электрическая проводимость сильно уменьшится;

   В. его электрическая проводимость не изменится.

5. Положительные качества дают возможность использовать данные устройства во многих областях науки и техники…

   А. для учёта слабых световых потоков;

   Б. для учёта и измерения разных слабых световых потоков;

   В. для учёта и измерения слабых световых потоков.

ТЕМА 6. ЭЛЕКТРИЧЕСКИЕ МАШИНЫ И ПРИБОРЫ

第六课　电机及设备

Ключевые понятия: силовое оборудование, ротор, статор, синхронный генератор, асинхронный двигатель, электродвигатель постоянного тока, эксплуатация, автоматизация, явление электромагнитной индукции, электротехническое устройство.

Словообразование　构词

В русском языке с помощью суффиксов **-ир-** и **-ова-** образуются глаголы с общим значением «действовать» («с помощью того, что названо мотивирующим словом»): *план – план**ировать**, фиксация – фикс**ировать***. При этом ударение всегда падает на эти суффиксы: на первый или на последний слог (*информ**ировать**, форм**ировать***)

Задание 1. Образуйте от следующих существительных глаголы с суффиксами -ИР- и -ОВА-. Запишите их. 借助后缀 **-ир-, -ова-**，将下列名词变成动词，并写下来。

программа –
информация –
систематизация –
автоматизация –
механизация –
реклама –
документация –
регистрация –
эксплуатация –

Грамматический комментарий　语法注解

Полные пассивные причастия ***прошедшего времени*** образуются с помощью суффиксов **-НН-, -ЕНН-, -Т-** от переходных глаголов совершенного вида: *получил – получ**енн**ый, написал – написа**нн**ый, закрыл – закры**т**ый.*

Полные пассивные причастия **прошедшего времени** изменяются по родам и числам как прилагательные и отвечают на вопросы какой? какая? какое? какие? ***Например: написанная контрольная работа, полученное письмо, переведённый текст.***

<u>Задание 2.</u> Образуйте пассивные причастия от следующих глаголов с помощью суффиксов -НН-, -ЕНН-, -Т-. Запишите их. 借助后缀 -нн-, -енн-, -т- 把下列动词变成被动形动词，写下来。

использовать –	решить –
построить –	выполнить –
прочитать –	изобрести –
заказать –	поставить –
открыть –	получить –
употребить –	изменить –
исследовать –	обсудить –

<u>Задание 3.</u> От каких глаголов образованы следующие пассивные причастия? 下列被动形动词由哪些动词构成？

преобразованный –
отправленный –
переданный –
закрытый –
использованный –
автоматизированный –
переработанный –
разработанный –
созданный –
развитый –
переданный –
изученный –

<u>Задание 4.</u> Постройте конструкцию по образцу. 按示例完成词组构成。

Образец: *прочитать книгу (4) – прочитанная книга (1)*

получить энергию –
выучить текст –
открыть книгу –
разработать схему –
создать электродвигатель –
использовать электрический ток –
заменить устройство –
преобразовать энергию –

решить проблему –
обсудить текст –
осуществить планы –

Задание 5. Напишите синонимичную конструкцию. 写出同义词结构。

Образец: *разработа**НН**ая программа – программа, котор**ая** разработа**На**;*
*программа разработа**На**.*

***Обратите внимание*:** пишется одна **Н** в первом и во втором случае.

выполненное задание –
использованные электроприборы –
решённая проблема –
разработанная схема –
созданное устройство –
автоматизированный процесс –
запущенная линия электропередач –
изученная проблема –
изобретённый электрический прибор –
преобразованная энергия –

Задание 6. Употребите краткое причастие, ориентируясь на образец. Запишите предложения. 按示例运用形动词短尾形式，写出句子。

Образец: *Бизнес-план, разработа**нн**ый фирмой. –*
*Бизнес-план разработа**н** фирмой.*

1. Идеи, проанализированные специалистом. –
____
2. Мероприятия, спланированные сотрудниками фирмы. –
____
3. План, подготовленный совместным предприятием. –
____
4. Срок, указанный в бизнес-плане. –
____
5. Хозяйственная деятельность, спланированная фирмой сроком на 5 лет. –
____
6. Программа, составленная с учётом требований. –
____
7. Бизнес-план, проверенный руководителем. –
____
8. Электроэнергия, преобразованная в механическую. –
____

3 Модели научного стиля речи 科技语体句型

Что (1)* касается *чего (2)

Если к концам обмотки присоединить резистор, то в нём возникнет ток. Это касается действия простого генератора переменного тока.

Что (1)* предназначено *для чего (2)

Электроизмерительные приборы предназначены для замеров различных электрических величин.

Что (1)* предназначается *для чего (2)

Электроизмерительные приборы предназначаются для замера различных электрических величин.

Что (1)* трансформируется *во что (4)

Трансформатор – это аппарат, при помощи которого переменный ток одного напряжения трансформируется в переменный ток другого напряжения.

Что (1)* основано *на чём (6)

Устройство трансформатора основано на явлении электромагнитной индукции.

Что (1)* основывается *на чём (6)

Работа аккумуляторов основывается на принципе обратимости химических реакций.

Что (1)* вырабатывает *что (4)

Частота тока, которую вырабатывает генератор переменного тока, составляет 50 Гц.

Что (1)* вырабатывается *чем (5)

Частота тока, которая вырабатывается генератором переменного тока, составляет 50 Гц.

Что (1)* указано *где, на чём (6)

Класс точности прибора для замера электрических величин, как правило, указан на шкале или в паспорте прибора.

Что (1)* указывается *где, на чём, в чём (6)

Каждый аккумулятор имеет свой паспорт, в котором указываются предельные значения силы тока при зарядке и разрядке.

Задание 7. Употребите подходящую по смыслу форму глаголов. 用适当动词所需形式填空。

1. Наш университет __________ самым престижным в городе *(считать – считаться)*.
2. Генератор __________ к группе электротехнических устройств, а именно к источникам энергии, которые вырабатывают электрический ток *(относить – относиться)*.
3. Генератор __________ электрический ток наряду с такими источниками энергии как термоэлементы, химические элементы, фотоэлементы и др. *(вырабатывать – вырабатываться)*.
4. Действие двигателей и генераторов __________ на явлении электромагнитной индукции *(основать – основано)*.
5. При замерах важна точность прибора. Класс точности, как правило, __________ на шкале или в паспорте прибора *(указывать – указан)*.
6. Приборы электромагнитной системы __________ для измерения силы постоянного и переменного тока *(предназначен – предназначаются)*.
7. Вращающийся магнит __________ магнитное поле статора и приводит в движение магнитный ротор *(создать – создаётся)*.
8. Трансформатор __________ замкнутый стальной сердечник, изготовленный из пластин *(представлять собой – представляться)*.

Задание 8. Употребите подходящие по смыслу глаголы, данные ниже. 用所给适当动词填空。

1. Система образования в России существенно __________ от системы образования в Америке.
2. Электроизмерительные приборы __________ для замеров различных электрических величин.
3. В зависимости от того, какой именно физический процесс применён в приборе, их __________ на приборы электромагнитной, электродинамической, индукционной, термоэлектрической и других систем.
4. Положительными качествами таких приборов __________ пригодность замеров в цепях как постоянного, так и переменного тока, устойчивость к перегрузкам по току, простота изготовления и хорошая механическая прочность.
5. Лампы накаливания __________ для освещения помещений в тёмное время суток.
6. Принцип действия ламп __________ на свечении нагретых током проводников.
7. На каждой лампе есть цифры, которые __________ напряжение лампы и потребляемую ею мощность.
8. Электроизмерительные приборы подразделяются на две группы: приборы непосредственной оценки и приборы сравнения. К первой группе __________ амперметры, вольтметры, омметры и др.

Слова для справок: *подразделять, считаться, основан, предназначен, указывать, относиться, отличаться.*

Предтекстовые задания 课前练习

<u>Задание 9.</u> Прочитайте и запомните следующие слова и словосочетания. 朗读并记住下列单词和词组。

оборудование	设备、仪器
устройство	装置、设备
вращение	转动、旋转
эксплуатация	使用、开发、经营
автоматизация	自动化
коллектор	集电环、收集器、整流子
сопротивление	电阻
индукция	感应
трансформатор	变压器、变换器
аккумулятор	蓄电池、蓄能器
статор	导向器、定子
ротор	转子、转度
якорь	电枢、簧片
обмотка: обмотка возбуждения	线圈、绕法：激磁线圈
виток – витки	圈、匝、回线
сталь	钢
пластина	平板、薄板、片规
катушка	线圈、线组
преобразователь	改革者、变流器、变换器
электромагнитная индукция	电磁感应
индукционный	感应的、电感的
оптимальный	最佳的
напряжение: переменное, постоянное	电压：交流电压，直流电压
повышающий	提高的
понижающий	降低的
подвижный	活动的、流动的
неподвижный	静止的、不动的、固定的
мощный	大功率的、强大的
употреблять/ употребить	使用、运用

использовать	使用、运用
трансформировать	使变化、变形
создавать/ создать	创建、建立
вращать, вращаться	旋转、自转
двигать, двигаться	移动、运动

Задание 10. Прочитайте словосочетания, соблюдая ударение в слове. 朗读词组，注意重音。

А. Силовое оборудование, электротехническое устройство, электрическая энергия, механическая энергия, водяные двигатели, паровой двигатель, синхронный генератор, фазные обмотки, магнитное поле, замкнутый стальной сердечник, современный мощный трансформатор, простые индукционные генераторы.

Б. Надёжность эксплуатации, возможность автоматизации, простота устройства и управления, действие двигателей, источники энергии, обмотки возбуждения, явление электромагнитной индукции, преобразование энергии, электродвигатель постоянного тока, действие генератора.

Текст 1　课文 1

Задание 11. Прочитайте и переведите текст. 阅读并翻译课文。

СИЛОВОЕ ОБОРУДОВАНИЕ ЭНЕРГОСИСТЕМ

Чтобы привести в движение любой механизм, нужен двигатель, который преобразует какой-либо вид энергии в механическую. До конца XIX в. промышленности использовали в основном паровые и водяные двигатели. В настоящее время они практически полностью вытеснены электродвигателями. Электродвигатели имеют ряд преимуществ перед другими двигателями. К ним относятся:

– простота устройства и управления;
– надёжность эксплуатации;
– возможность автоматизации.

Электрические машины подразделяются на два вида:

1) машины, преобразующие электрическую энергию в механическую; они называются двигателями.

2) машины, трансформирующие механическую энергию в электрическую; они называются генераторами.

Действие двигателей и генераторов основано на явлении электромагнитной индукции.

Рассмотрим электрические машины.

Генератор

Генератор – это устройство, которое производит электрическую энергию. Он превращает механическую энергию вращения в электрическую энергию.

Генератор относится к группе электротехнических устройств, а именно к источникам энергии, которые вырабатывают электрический ток.

В практике чаще всего используется синхронный генератор.

Синхронный генератор имеет такие части, как статор и ротор. Статор является неподвижной частью генератора, а ротор – вращающейся частью синхронного генератора. Кроме того, он имеет обмотки возбуждения, фазные обмотки, станину.

Вращающийся ротор генератора находится в магнитном поле, на его поверхности выполнена обмотка, в которой индуцируется электродвижущая сила. Если к концам обмотки присоединить резистор, то в нём возникнет ток. Это касается действия простого генератора переменного тока. В генераторах переменного тока обмотка выполняется неподвижной, а вращается индуктор.

Обычно статор изготавливают из листовой стали. Это делается для того, чтобы погасить вихревые токи. Частота тока, вырабатываемого генератором переменного тока, составляет 50 Гц.

Генераторы постоянного тока – это простые индукционные генераторы, имеющие коллектор. Коллектор преобразовывает переменное напряжение в постоянное.

Электродвигатель постоянного тока

Простой электрический двигатель служит для превращения электрической энергии в механическую. Его действие основано на движении проводника с током в постоянном магнитном поле. Магнитное поле, в котором вращается якорь такого двигателя, создаётся при помощи сильного электромагнита. Пока есть электрический ток, якорь будет вращаться.

Трансформаторы

Трансформатор – это аппарат, при помощи которого переменный ток одного напряжения трансформируется в переменный ток другого напряжения. Устройство трансформатора основано на явлении электромагнитной индукции. Трансформатор представляет собой замкнутый стальной сердечник, изготовленный из пластин. На сердечнике укреплены две катушки с обмотками из проволоки, имеющими разное число витков. Обмотки обладают слабым сопротивлением и большой индуктивностью.

Трансформаторы бывают повышающими и понижающими. В первом случае вторичная обмотка имеет большее число витков, во втором – меньшее. Трансформатор является самым оптимальным аппаратом по преобразованию энергии. Коэффициент полезного действия (КПД) современных мощных трансформаторов порой достигает 94-99%.

Аккумуляторы

Приборы, способные накапливать и длительное время хранить электрическую энергию, называются аккумуляторами. Работа этих устройств основана на принципе обратимости химических реакций. Самыми распространёнными считаются кислотные аккумуляторы.

Пластины аккумулятора изготавливаются из свинца в виде решёток и покрываются активной массой. Пластины, являющиеся положительным полюсом аккумулятора, представляют собой скреплённые между собой параллельные рёбра, которые образуют ячейки. В эти ячейки укладывается активная масса, состоящая из оксида свинца. Отрицательные пластины выполняются в виде свинцовой решётки с ячейками, заполненными активной массой из чистого свинца. В качестве раствора в аккумуляторах используется серная кислота, растворённая в воде. Каждый аккумулятор имеет свой паспорт, в котором указываются предельные значения силы тока при зарядке и разрядке.

Послетекстовые задания　课后练习

Задание 12. Ответьте на вопросы к тексту. 回答课文问题。

1. Какие преимущества имеют электродвигатели перед другими двигателями?
2. Какие виды электротехнических машин существуют?
3. Что такое генератор?
4. К какой группе электротехнических устройств относится генератор?
5. Какой генератор чаще всего используется в практике?
6. Какие части имеет синхронный генератор?
7. Из чего изготавливают статор?
8. Для чего служит простой электродвигатель?
9. На чём основано действие простого электродвигателя?
10. При помощи чего создаётся магнитное поле?

Задание 13. Закончите предложения, ориентируясь на содержание текста. 根据课文内容，续完句子。

1. В настоящее время паровые и водяные двигатели практически полностью вытеснены

____

2. Статор является неподвижной частью генератора, а ротор – вращающейся частью

____

3. Генератор – это устройство, которое производит электрическую энергию. Он превращает механическую энергию вращения в

____

4. В генераторах переменного тока обмотка выполняется неподвижной, а

____

5. Частота тока, вырабатываемого генератором переменного тока,

____

6. Магнитное поле, в котором вращается якорь такого двигателя, создаётся при помощи

___

7. Трансформатор – это аппарат, при помощи которого переменный ток одного напряжения трансформируется в

___

8. На сердечнике укреплены две катушки с обмотками из проволоки,

___

9. Трансформаторы бывают

___

10. КПД современных мощных трансформаторов

___

Задание 14. Найдите в тексте предложения, в которых употребляются полные пассивные причастия, и прочитайте их. 找出课文中含有被动形动词长尾形式的句子，并朗读。

Задание 15. Познакомьтесь с планом к тексту. 了解课文提纲。

План

1. Виды электрических машин.
2. Генератор и его действие.
3. Электродвигатель постоянного тока.
4. Трансформаторы.
5. Аккумуляторы.

Задание 16. Передайте краткое содержание текста согласно плану. 根据提纲，简述课文内容。

Текст 2 课文 2

Задание 17. Прочитайте текст и выполните тестовое задание к нему. 阅读课文，完成相应测试题。

ЭЛЕКТРОИЗМЕРИТЕЛЬНЫЕ ПРИБОРЫ

Электроизмерительные приборы предназначены для замеров различных электрических величин. Они подразделяются на две группы:

- приборы непосредственной оценки;
- приборы сравнения.

К первой группе относятся амперметры, вольтметры, омметры и др.

В приборах второй группы применяются физические явления, которые перемещают подвижную систему прибора и тем самым создают вращающий момент.

В зависимости от того, какой именно физический процесс применён в приборе, их подразделяют на приборы электромагнитной, электродинамической, индукционной, термоэлектрической и других систем.

При замерах важна точность прибора. Класс точности, как правило, указан на шкале или в паспорте прибора. Всего существует 8 классов точности.

Самое широкое распространение имеют приборы, действие которых основано на электромагнитной системе. Приборы электромагнитной системы предназначены для измерения силы постоянного и переменного тока. У приборов с железным сердечником, как правило, класс точности невысок. Их применяют для замеров на щитах и при измерениях, не требующих высокой точности. В условиях лабораторий обычно используют приборы с сердечниками, выполненными из сплава железа с никелем.

Положительными качествами таких приборов являются пригодность замеров в цепях как постоянного, так и переменного тока, устойчивость к перегрузкам по току, простота изготовления и хорошая механическая прочность.

Тест

1. Электроизмерительные приборы предназначены…
   А. для замеров различных электрических величин и подразделяются на две группы;
   Б. для замеров различных электрических величин и подразделяются на три группы;
   В. для замеров электрической величины и подразделяются на четыре группы.
2. В зависимости от того, какой именно физический процесс применён в приборе, их подразделяют на…
   А. приборы магнитоэлектрической, электромагнитной, электродинамической, индукционной, термоэлектрической и других систем;
   Б. приборы магнитоэлектрической, электромагнитной, электродинамической и других систем;
   В. приборы электромагнитной, электродинамической, индукционной, термоэлектрической и других систем.
3. Самое широкое распространение имеют приборы, действие которых основано…
   А. на электромагнитной системе;
   Б. на электродинамической системе;
   В. на термоэлектрической системе.
4. Приборы электромагнитной системы предназначены…

А. для измерения силы постоянного и переменного тока;

Б. для измерения силы постоянного тока;

В. для измерения силы переменного тока.

5. Положительными качествами таких приборов являются…

А. пригодность замеров в цепях как постоянного, так и переменного тока, устойчивость к перегрузкам по току, хорошая механическая прочность;

Б. пригодность замеров в цепях как постоянного, так и переменного тока, простота изготовления и хорошая механическая прочность;

В. пригодность замеров в цепях как постоянного, так и переменного тока, устойчивость к перегрузкам по току, простота изготовления и хорошая механическая прочность.

ТЕМА 7. ЭЛЕКТРИЧЕСКИЕ МАШИНЫ. СИНХРОННЫЕ И АСИНХРОННЫЕ ДВИГАТЕЛИ

第七课 电机 同步电动机和异步电动机

Ключевые понятия: вращающееся магнитное поле, магнитный ротор, коэффициент полезного действия (КПД), надёжность, трехфазный статор, постоянная скорость, подвижная часть машины, синхронная машина, асинхронный двигатель

Словообразование 构词

Имена существительные женского рода (ж.р.), образованные от прилагательных с помощью суффикса **-ОСТЬ**, обозначают различные свойства веществ: *плотный – плотн**ость**, жёсткий – жёстк**ость***. С помощью суффикса **-ОСТЬ** образуются также существительные женского рода со значением признака или состояния: *деятельный – деятельн**ость**, точный – точн**ость***. Ударение в слове всегда падает на слоги перед данным суффиксом: *плотн**ость**, деятельн**ость**, точн**ость***.

<u>**Задание 1.**</u> **Образуйте от следующих прилагательных существительные женского рода с суффиксом -ОСТЬ.** 借助后缀 **-ость** 将下列形容词变成阴性名词。

Образец: *деятельный – деятельн**ость***

твёрдый –

влажный –

сухой –

мягкий –

важный –

верный –

образованный –

научный –

техничный –

собственный –

компетентный –

технологичный –

Грамматический комментарий 语法注解

Краткие причастия прошедшего времени, образованные от глаголов совершенного вида, часто используются в структуре с модальными глаголами: *изучить – изучен* – ***должен быть*** *изучен, преобразовать – преобразован* – ***может быть*** *преобразован.*

Задание 2. Трансформируйте глагол в конструкцию с модальным глаголом по образцу. Запишите. 按示例，将动词变成含有情态动词的结构，并写下来。

Образец: создать – ***может быть*** *создан*

осуществить –

выработать –

уточнить –

преобразовать –

связать –

применить –

развить –

разработать –

Задание 3. Выполните задание по образцу. 按示例做题。

Образец: *подготовить – подготовленный – подготовлен* – ***должен быть*** *подготовлен*

спланировать – спланированный –

проанализировать – проанализированный –

указать – указанный –

рекомендовать – рекомендованный –

составлять – составленный –

проверить – проверенный –

преобразовать – преобразованный –

разработать – разработанный –

посвящать – посвящённый –

передать – переданный –

основать – основанный –

Задание 4. Выполните задание по образцу, используя модальную конструкцию. 按示例，用情态结构做题。

Образец: *тема изучается – тема изучена – тема* ***должна быть*** *изучена.*

энергия вырабатывается –
электродвигатель используется –
источники энергии применяются –
товар отправляется –
схема разрабатывается –
цена устанавливается –
договор подписывается –
проблема обсуждается –
электрическая энергия производится –

Задание 5. Употребите конструкцию «может быть отправлен». 运用«может быть отправлен»结构做题。

Образец: *Груз – послезавтра.*
Груз может быть отправлен послезавтра.

Техника - в течение 3 дней.

___

Каталог – в любое время.

___

Запасные детали – через неделю.

___

Оборудование – через месяц.

___

Прейскурант – через 2 дня.

___

Заказанная продукция – с 20 марта.

___

Станки – через месяц после подписания договора.

___

Электродвигатели – через две недели.

___

Модели научного стиля речи　科技语体句型

Для выражения отличия объектов сравнения в русском языке употребляются конструкции с глаголом «отличаться» и существительным «отличие».

Что (1)* отличается *от чего (2) чем (5)

Асинхронные электродвигатели отличаются от синхронных двигателей простотой конструкции и надёжностью в эксплуатации.

***Что (1)* отличается *от чего (2)* тем, что**

Асинхронный двигатель отличается от синхронного тем, что он имеет простую конструкцию и надёжен в эксплуатации.

***В чём (6)* отличие *чего (2) от чего (2)* (одного предмета от другого)**

Важное отличие синхронного электродвигателя от асинхронного двигателя в частоте вращения.

***Чем (5)* отличаются *что (1) (мн.ч.) (предметы)* друг от друга**

Синхронный и асинхронный двигатели отличаются друг от друга частотой вращения полей.

Что (1)* отличает *что (4) от чего (2)

Статор отличает от ротора то, что он является неподвижной частью машины.

В отличие *от чего (2)*

В отличие от синхронного (двигателя) асинхронный двигатель является простым и дешёвым двигателем, применяющимся повсеместно.

Задание 6. Вставьте вместо пропусков подходящие по смыслу глаголы в соответствующей форме. 用适当动词的适当形式填空。

1. Статор – неподвижная часть машины, которая выполняется в виде полого цилиндра, который __________ из стальных листов с обмоткой *(собирать – собираться)*.
2. Асинхронные двигатели __________ простотой конструкции *(отличать – отличаться)*.
3. Недостаток асинхронных электродвигателей __________ в трудности регулировки частоты их вращения *(заключать – заключаться)*.
4. Асинхронный двигатель __________ и __________ просто *(эксплуатировать – эксплуатироваться, управлять – управляться)*.
5. Синхронные и асинхронные двигатели __________ частотой вращения *(отличать – отличаться)*.
6. Синхронный электродвигатель __________ там, где необходима постоянная скорость и полная управляемость, например, в насосах, вентиляторах, компрессорах *(использовать – использоваться)*.
7. В __________ от синхронных двигателей асинхронные двигатели имеют простую конструкцию *(отличие – различие)*.
8. Статор __________ неподвижную часть машины *(представлять собой – являться)*.

Задание 7. Употребите конструкцию с глаголом «ОТЛИЧАТЬСЯ», «ОТЛИЧАТЬ» или существительным «ОТЛИЧИЕ». 用含有«отличаться», «отличать»的动词结构和含有«отличие»的名词结构填空。

1. В __________ от ротора статор является неподвижной частью генератора.
2. Наш вуз __________ от вашего университета тем, что здесь готовят специалистов гуманитарного профиля.
3. Руководитель должен __________ от своих подчинённых многими качествами, например, хорошими знаниями, компетентностью, организаторскими и администраторскими способностями и т.д.
4. Я хотел бы знать, чем __________ система образования в твоей стране от системы образования в России.
5. Главное __________ статора от ротора заключается в том, что статор является неподвижной частью машины, а ротор – подвижная часть.
6. Одно из важнейших __________ синхронного двигателя состоит в том, что он широко применяется во многих сферах, например, для электрических проводов, которым нужна постоянная скорость.
7. Термин «синхронный» в __________ от термина «асинхронный» означает «одновременный».
8. В целом синхронный двигатель __________ высокой надёжностью и простотой обслуживания.

Предтекстовые задания 课前练习

Задание 8. Прочитайте и запомните следующие слова и словосочетания. 朗读并记住下列单词和词组。

магнит	磁铁
цилиндр	气缸、油缸、作动筒
вращение	旋转
вращающееся магнитное поле	旋转磁场
насос	泵、抽水机
вентилятор	风扇、通风机
компрессор	压气机、压缩机
особенность	特点
частота	频率、次数
скорость	速度
недостаток	缺点

регулировка	调节
трансформация	变压、变化
нагрузка	负荷、工作量
преимущество	优势
недостаток	劣势
притягивать	吸引、拉近
дешёвый	便宜的
повсеместно	到处、各处
применять/применить	采用、使用
отличаться *чем от чего*	与……不同
заключаться *в чём*	在于……
представлять собой *что*	是……
приводить/привести в движение	启动、开启

<u>Задание 9.</u> Прочитайте следующие словосочетания, обратите внимание на ударение в словах. 朗读下列词组，注意单词重音。

А. Трёхфазный статор, вращающееся магнитное поле, синхронная машина, асинхронный двигатель, электрический магнит, магнитный ротор, одинаковая частота, главная особенность, постоянная скорость, главное отличие, электрические провода, вращающийся магнит.

Б. Частота вращения, работа двигателя, особенность двигателя, подвижная часть машины, простота обслуживания, коэффициент полезного действия, взаимодействие магнитного статорного поля и токов, изменение направления, обмотка статора.

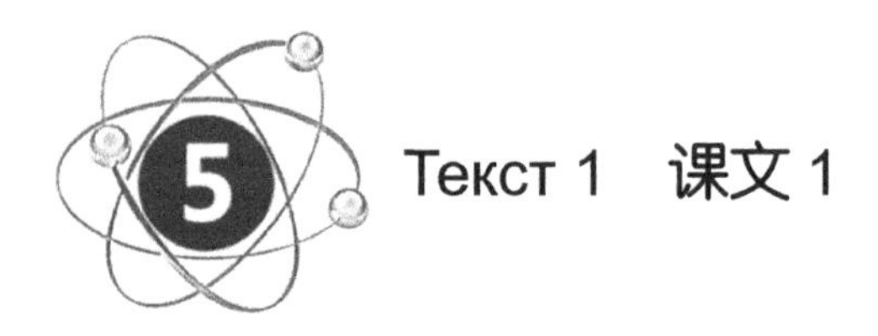

Текст 1 课文 1

<u>Задание 10.</u> Прочитайте и переведите текст. 阅读并翻译课文。

СИНХРОННЫЕ И АСИНХРОННЫЕ МАШИНЫ

Существуют двигатели синхронные и асинхронные. Они относятся к категории электрических машин. Каков их принцип действия и чем они отличаются друг от друга?

В электрических машинах для вращающегося магнитного поля создаётся магнитная цепь. Статор – неподвижная часть машины. Ротор – подвижная часть машины. Главное отличие работы этих двигателей – в роторе. У **синхронного двигателя** он заключается в постоянном или электрическом магните. Вращающийся магнит создаёт магнитное поле статора и приводит в движение магнитный ротор. Скорость движения статора и ротора в этом случае одинаковая. Поэтому данный двигатель получил название синхронного. Греческое слово «синхронный» означает одновременный. Этим словом подчёркивается одинаковая частота вращения поля и ротора. Таким образом, главной особенностью синхронного двигателя является неизменяемая частота роторного вращения от нагрузки.

Синхронный двигатель широко применяется во многих сферах, например, для электрических проводов, которым необходима постоянная скорость.

Преимуществом синхронных двигателей в целом являются самая высокая надёжность, самый большой коэффициент полезного действия, простота обслуживания.

Асинхронный двигатель представляет собой механизм, направленный на трансформацию электрической энергии переменного тока в механическую. Слово «асинхронный» заимствовано из греческого языка и означает неодновременный, Этим словом подчёркивается различие в частотах вращения поля и ротора – подвижной части двигателя.

И действительно, частота вращения магнитного поля статора здесь выше роторной всегда. Такое устройство состоит из статора цилиндрической формы и ротора. Работа двигателя осуществляется в результате взаимодействия магнитного статорного поля и токов в роторе. Вращение появляется тогда, когда имеется разность частоты вращения полей.

Асинхронные электродвигатели отличаются простотой конструкции и надёжностью в эксплуатации. В отличие от синхронного это простой и дешёвый двигатель, применяющийся повсеместно. Единственный его недостаток заключается в трудности регулировки частоты вращения. Для изменения направления его вращения в противоположную сторону, например, меняют расположение двух фаз или двух линейных проводов, приближающихся к обмотке статора.

И как мы уже знаем, важное отличие состоит в том, что для синхронного двигателя характерна постоянная частота вращения при различных нагрузках, в отличие от асинхронного. Поэтому синхронный используют там, где необходима постоянная скорость, например, в насосах, вентиляторах и компрессорах.

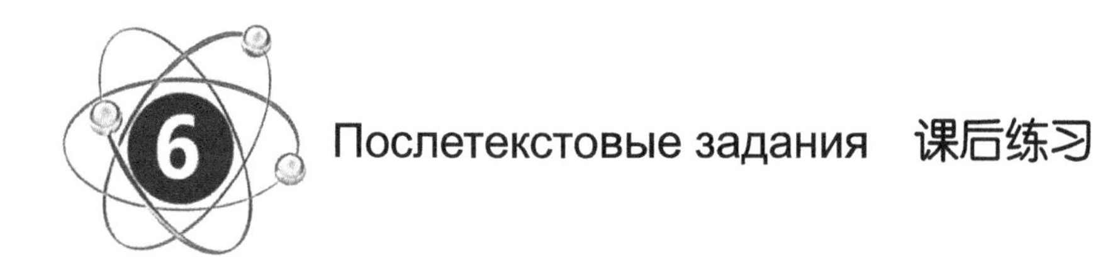

Задание 11. Ответьте на вопросы к тексту. 回答课文问题。

1. Какие виды двигателей вам известны?
2. Что такое статор?
3. Что такое ротор?
4. Из какого языка заимствовано слово «синхронный» и что оно обозначает?
5. Из какого языка заимствовано слово «асинхронный» и что оно обозначает?
6. Где применяют синхронные двигатели?
7. Какие синхронные двигатели в эксплуатации?

8. Что представляет собой асинхронный двигатель?
9. В чём преимущество асинхронного двигателя?
10. В чём недостаток асинхронного двигателя?

Задание 12. Закончите предложения, используя информацию текста. 根据课文内容，续完句子。

1. Главное отличие работы этих двигателей

____

2. Вращающийся магнит создаёт магнитное поле статора и приводит в

____

3. Главной особенностью синхронного двигателя является неизменяемая частота

____

4. Преимуществом синхронных двигателей в целом являются: самая высокая надёжность; самый большой коэффициент

____

5. Работа двигателя осуществляется в результате взаимодействия магнитного статорного поля и

____

6. Асинхронные электродвигатели отличаются простотой конструкции и

____

7. Для изменения направления его вращения в противоположную сторону, например, меняют расположение

____

8. Синхронный двигатель используют там, где необходима постоянная скорость, например,

____

9. Важное отличие асинхронного двигателя от синхронного состоит в том, что для синхронного двигателя характерна постоянная частота вращения

____

Задание 13. Напишите антонимы к следующим словам и словосочетаниям из текста. 写出下列单词和词组的反义词。

синхронный –
преимущество –
одновременный –
дорогой –
подвижная часть двигателя –

Задание 14. Ответьте на вопросы. Используйте в ответах модели типа отличается тем/отличается тем, что. 用 отличается тем/отличается тем, что 的句型回答问题。

Чем отличается:

а) ротор от статора?

б) термин «синхронный» от термина «асинхронный»?

в) синхронный двигатель от асинхронного двигателя?

г) частота вращения в синхронном двигателе от частоты вращения в асинхронном двигателе?

Задание 15. Составьте план к тексту. 列出课文提纲。

Задание 16. Передайте краткое содержание текста согласно плану. 根据提纲，简述课文内容。

Задание 17. Прочитайте текст и выполните тестовое задание к нему. 阅读课文，完成相应测试题。

О ПЕРЕХОДНЫХ ПРОЦЕССАХ В СИНХРОННЫХ МАШИНАХ

В некоторых случаях возможны резкие изменения режима работы синхронной машины. К таким изменениям относятся, например, сброс нагрузки, замыкание и размыкание электрических цепей обмоток, короткие замыкания в цепях и др. При таких изменениях режима работы синхронной машины возникают различные переходные процессы.

В современных энергетических системах совместно работает большое количество синхронных машин, при этом мощности отдельных машин могут достигать 1,5 млн. кВт.

Переходные процессы, которые возникают в одной машине, могут оказать влияние на работу других машин и всей энергосистемы, так как в этих машинах тоже возникают разные переходные процессы. Переходные процессы нарушают работу энергетической системы в целом и могут повлечь за собой аварии. Такие аварии связаны с огромными убытками, поскольку при этом возникает повреждение оборудования. Большие убытки происходят в результате нарушения энергоснабжения крупных промышленных районов.

Переходные процессы синхронных машин протекают довольно быстро, в течение нескольких секунд. Поэтому необходимо использовать разные средства автоматического управления и регулирования, чтобы быстро воздействовать на возникшие переходные процессы.

Синхронные машины имеют магнитную и электрическую несимметрию. При совместной работе синхронных машин в энергосистеме необходимо учитывать их взаимное влияние друг на друга, а также другие факторы.

Довольно часто переходные процессы в энергосистемах и синхронных машинах вызываются короткими замыканиями в электрических сетях и линиях электропередачи. Короткие замыкания происходят по разным причинам. Это может быть падение опор линий передачи, обрыв проводов, замыкание проводов птицами, повреждение изоляции и др.

Короткие замыкания, возникающие при работе электрических сетей, линий передач и электрических машин под напряжением, развиваются быстро. Происходящие в таких случаях переходные процессы во многих случаях являются довольно опасными.

Тест

1. Мощности отдельных синхронных машин в современных энергетических системах могут достигать…
   А. 1,5 млн. кВт;
   Б. 1 млн. кВт;
   В. 3 млн. кВт.
2. Разнообразные переходные процессы, возникающие в одной машине, ...
   А. могут оказать влияние на работу других машин и всей энергосистемы;
   Б. никак не влияют на другие машины и общую энергосистему;
   В. в крайне редких случаях оказывают влияние на работу энергосистемы в целом.
3. Переходные процессы синхронных машин протекают…
   А. по-разному: они возможны как в течение секунды, так и в течение часа;
   Б. довольно быстро, в течение нескольких секунд;
   В. всегда занимают продолжительное количество времени.
4. Переходные процессы в энергосистемах и синхронных машинах часто вызываются короткими замыканиями. Они происходят…
   А. только из-за падения опор линии электропередачи;
   Б. невозможно определить причину;
   В. по разным причинам: падение опор линий передачи, обрыв проводов, замыкание проводов птицами, повреждение изоляции и т.д.

ТЕМА 8. ЭЛЕКТРОМАГНИТНЫЕ ПЕРЕХОДНЫЕ ПРОЦЕССЫ

第八课　电磁暂态过程

Ключевые понятия: переходные процессы, электроэнергетическая система, преобразование электрической энергии, распределение электрической энергии, управление режимом, режим работы энергосистемы, электромагнитные изменения, электромагнитный переходный процесс, электромеханический переходный процесс

Словообразование　构词

Приставка пере- употребляется при образовании:

1. **существительных** со значением повторного действия или явления *(**пере**выборы, **пере**расчёт)*;
2. **глаголов** и обозначает:

а) направленность действия или движения через какое-либо пространство или предмет *(**пере**шагнуть)*;

б) направленность действия или движения из одного места в другое *(**пере**двинуть)*;

в) совершение действия вновь *(**пере**делать, **пере**шить)*;

г) распространение действия на ряд предметов *(**пере**ложить)*;

д) доведение действия до нужного предела *(**пере**зимовать)*;

е) доведение действия до излишнего предела *(**пере**кормить)*;

3. **прилагательных** со значением признака *(**пере**ходный, **пере**менный)*.

Задание 1. Найдите и выделите исходные слова для следующих имён прилагательных. Составьте с данными прилагательными словосочетания. Запишите их.
找出并划出以下形容词的词根，用这些形容词组词并写出来。

Образец: *переходный – ход (исходное слово – ход), переходный процесс*

переизбранный –　　　　перелётный –

перевозный –　　　　переменный –

перевыборный –　　　　перемычный –

переговорный –　　　　переносный –

переездный – переплётный –
перекрёстный – переучётный –

Грамматический комментарий 1 语法注解 1

Местоимение – это самостоятельная часть речи, которая указывает на предметы, признаки или количества, но не называет их.

Местоимения изменяются по лицам, числам и (в третьем лице единственного числа) родам, а также склоняются по падежам.

Предлоги с местоимениями пишутся раздельно.

Выделяют 9 разрядов местоимений по значению:

1. **личные:** *я, ты, он, она, оно, мы, вы, они* (указывают на участников диалога (*я, ты, мы, вы*), лиц, не участвующих в беседе, и предметы (*он, она, оно, они*));
2. **возвратное:** *себя* (указывает на тождественность лица или предмета, названному словом *себя*);
3. **притяжательные:** *мой, твой, ваш, наш, свой, его, её, их* (указывают на принадлежность предмета лицу или другому предмету);
4. **указательные:** *это, этот, тот, такой, таков, столько* (указывают на признак или количество предметов);
5. **определительные:** *сам, самый, весь, всякий, каждый, любой, другой, иной, всяк (устар.), всяческий (устар.)* (указывают на признак предмета);
6. **вопросительные:** *кто, что, какой, который, чей, сколько* (служат специальными вопросительными словами и указывают на лиц, предметы, признаки и количество);
7. **относительные:** те же, что и вопросительные, в функции связи частей сложноподчинённого предложения (союзные слова);
8. **отрицательные:** *никто, ничто, некого, нечего, никакой, ничей* (выражают отсутствие предмета или признака);
9. **неопределённые:** *некто, нечто, некоторый, некий, несколько,* а также все местоимения, образованные от вопросительных местоимений приставкой ***кое-*** или суффиксами ***-то, -либо, -нибудь***.

<u>Задание 2.</u> Выполните тестовое задание. 完成测试练习。

1. Укажите личное местоимение:
   ○ 1) некто
   ○ 2) вас
   ○ 3) ни с кем

○ 4) собой

2. Укажите относительное местоимение:

○ 1) кто-либо

○ 2) некоторый

○ 3) кто

○ 4) нам

3. Укажите вопросительное местоимение:

○ 1) кем-нибудь

○ 2) кем

○ 3) себе

○ 4) никакой

4. Укажите определительное местоимение:

○ 1) наш

○ 2) который

○ 3) некий

○ 4) каждый

5. Укажите возвратное местоимение:

○ 1) свой

○ 2) чей

○ 3) сам

○ 4) себя

6. Найдите указательное местоимение:

○ 1) твой

○ 2) какой

○ 3) тот

○ 4) их

7. Найдите притяжательное местоимение:

○ 1) самый

○ 2) моего

○ 3) иной

○ 4) ничей

8. Укажите неопределённое местоимение:

○ 1) весь

○ 2) какой-нибудь

○ 3) любой

○ 4) этот

9. Укажите вопросительное местоимение:

○ 1) сколько

○ 2) кое-что

○ 3) она
○ 4) нами

<u>Задание 3.</u> Найдите в предложениях местоимения, определите их разряд. 找出句子中的代词，并确定它们的类别。

1. При всяком изменении состояния электроэнергетической системы (ЭЭС) происходят переходные процессы.
2. Под переходным процессом понимают процесс перехода от одного режима работы ЭЭС к другому, чем-либо отличающемуся от предыдущего.
3. Электроэнергетическая система – это находящееся в данный момент в работе электрооборудование энергосистемы и приёмников электрической энергии, объединённое общим режимом и рассматриваемое как единое целое в отношении протекающих в нём физических процессов (ГОСТ 21027–75).
4. Изменения состояния системы характеризуются нарушением баланса между электромагнитным и механическим моментами на валу каждой вращающейся машины.
5. Изучение переходных процессов даёт знание основных математических выражений, описывающих эти явления, терминологии и определения.
6. Режим работы энергосистемы – состояние энергетической системы, характеризующееся совокупностью условий и величин, в какой-либо момент времени или на интервале времени.
7. Изучение переходных процессов даёт возможность использования практических критериев и методов их количественной оценки с целью прогнозирования и предотвращения опасных последствий этих процессов.
8. Следовательно, режим ЭЭС − это цепь непрерывных переходных процессов.

Грамматический комментарий 2　语法注解 2

По своим грамматическим признакам местоимения соотносятся с **существительными**, **прилагательными** и **числительными**. Местоимённые существительные указывают на лицо или предмет, местоимённые прилагательные – на признак предмета, местоимённые числительные – на количество.

К **местоимениям-существительным** относятся все личные местоимения, возвратное *себя*, вопросительно-относительные: *кто и что* и образованные от них отрицательные и неопределённые*: никто, ничто, некого, нечего, некто, нечто, кто-то и др.*

К **местоимениям-прилагательным** относятся все притяжательные, все определительные, указательные: *этот, тот, такой, таков, сей, оный,* вопросительно-относительные: *какой, который, чей* и образованные от них отрицательные и неопределённые: *никакой, ничей, некоторый, некий, какой-то и др.*

К **местоимениям-числительным** относятся местоимения *столько, сколько* и образованные от них: *несколько, сколько-нибудь и др.*

К **местоимениям-наречиям** относятся:

1) вопросительные: где? куда? когда? откуда? зачем? почему? как?;
2) относительные – это те же вопросительные, но в функции союзных слов;
3) определительные: всегда, иногда, всюду, повсюду, везде и др.;
4) указательные: здесь, там, туда, сюда, тогда, затем, поэтому, потому, так;
5) отрицательные: нигде, никогда, никуда, ниоткуда, никак, негде, некогда, некуда, неоткуда, незачем;
6) неопределённые: некогда (=когда-то); все вопросительные местоимения в сочетании с постфиксами -то, -либо, -нибудь и приставкой кое-: где-то, когда-либо, зачем-нибудь, кое-куда и т.п.

Задание 4. В пропущенные места впишите местоимения/ местоимения с предлогами; определите, с какими частями речи они соотносятся. При затруднении обращайтесь к материалу для справок, данному ниже. 在下面的空白处填写代词或带前置词的代词，并确定它们和句子成分的关系。如遇困难，可以参照下面的提示。

1. Энергосистема –__________ совокупность электростанций, электрических и тепловых сетей, соединённых__________ и связанных общностью режимов и непрерывных процессов производства, преобразования и распределения электрической энергии и тепла при общем управлении__________ режимом.
2. Наиболее распространёнными переходными процессами являются процессы, вызванные включением и отключением электродвигателей и__________ потребителей электроэнергии.
3. Наиболее распространёнными переходными процессами являются процессы, вызванные действием форсировки возбуждения синхронных машин, а также__________ развозбуждением (гашением их магнитного поля).
4. Строго говоря, понятие установившегося режима в ЭЭС условное, так как __________ всегда существует переходный режим, вызванный малыми колебаниями нагрузки.
5. Установившийся режим понимается __________ смысле, что параметры режима генераторов электростанций и крупных подстанций практически постоянны во времени.
6. __________ смысле основной режим ЭЭС – нормальный установившийся.
7. __________ режимах ЭЭС работает большую часть времени.
8. __________ или __________ причинам допускается работа ЭЭС в утяжелённых

установившихся (вынужденных) режимах, __________ характеризуются меньшей надёжностью, __________ перегрузкой отдельных элементов и, возможно, ухудшением качества электроэнергии.

Слова для справок: *в ней, по тем, между собой, иным, в том, это, их, в этом, которые, этим, в таких, других, некоторой.*

Задание 5. Составьте предложения с местоимениями. 用代词造句。

1. *они*

2. *их*

3. *это*

4. *весь*

5. *который*

6. *никакой*

7. *некоторый*

8. *какой-либо*

Модели научного стиля речи 科技语体句型

Где/ в чём (6)* происходит *что (1)

В ЭЭС происходят непрерывные и случайные изменения нагрузок.

Что (1)* характеризуется *чем (5)

Переходный процесс характеризуется изменением электромагнитного состояния элементов ЭЭС, напряжений, токов, мощностей, моментов, частоты, углов сдвига между ЭДС источников и напряжениями в разных узлах системы.

Кто/что (1)* даёт *что (4)

Изучение переходных процессов даёт ясное представление о причинах возникновения и физической сущности явлений.

Что (1)* называется *чем (5)

Состояние электроэнергетической системы (ЭЭС) на заданный момент или отрезок времени называется режимом.

Что (1)* определяется *чем (5), как

Режим определяется составом включённых основных элементов ЭЭС и их загрузкой.

Задание 6.

А: Выпишите из предложений выделенные слова. Поставьте к ним вопросы. 写出划线词语，并对划线词语提问。

Б: Составьте конструкции (см. «Речевые модели»). 参照例子写出句型结构。

Образец:

Переходный **процесс (1)** **характеризуется** **совокупностью (5)** электромагнитных и электромеханических изменений в электроустановке. –

А: (Что?) процесс характеризуется (чем?)совокупностью. –

Б: Что характеризуется чем.

1. **В** волновых переходных **процессах** **происходит** локальное **изменение** электрического состояния системы, сопровождаемое резким увеличением электрического разряда в линиях электропередачи с повышением напряжения, связанного с атмосферными воздействиями.

   А: ______________________________

   Б: ______________________________

2. **Режим** **характеризуется** **показателями**, количественно определяющими условия работы системы.

   А: ______________________________

   Б: ______________________________

3. Тем не менее изучение переходных процессов важно, так как **оно** **даёт** **возможность** установить, как деформируются по форме и амплитуде сигналы, позволяет выявить превышения напряжения, а также определить продолжительность переходного процесса.

   А: ______________________________

Б: ______________________________

4. Переходной **процесс** – это **процесс** перехода от одного установившегося режима электроустановки к другому.

   А: ______________________________

   Б: ______________________________

5. **В** переходных **процессах происходит** закономерное **изменение** во времени одного или нескольких параметров режима в результате действия определённых причин, называемых возмущающими воздействиями.

   А: ______________________________

   Б: ______________________________

6. **Режим** системы – **совокупность** процессов, существующих в системе и определяющих её состояние в любой момент.

   А: ______________________________

   Б: ______________________________

7. С энергетической точки зрения рассматриваемый переходный **процесс характеризуется расходом** энергии магнитного поля катушки на тепловые потери в резисторе.

   А: ______________________________

   Б: ______________________________

8. Полная и усечённая **модели дают** в установившемся режиме одинаковые **результаты**.

   А: ______________________________

   Б: ______________________________

Задание 7. Вместо пропусков употребите подходящие по смыслу слова, данные ниже. 用所给适当单词填空。

1. Поэтому переходной процесс __________ совокупностью электромагнитных и электромеханических изменений в электроустановке.
2. Процесс скачкообразного (мгновенного) изменения какого-либо параметра электрической цепи__________коммутацией.
3. В результате __________ длительное нарушение электроснабжения потребителей, приводящее к огромному материальному ущербу.
4. Свободный ток __________ по формуле.
5. Электромеханический переходный процесс в электроустановке __________ переходный процесс, характеризуемый одновременным изменением значений электромагнитных и механических величин.

Слова для справок: *называется, происходит, это, определяется, даёт, характеризуется.*

Предтекстовые задания 课前练习

Задание 8. Прочитайте и запомните следующие слова и словосочетания. 朗读并记住下列单词和词组。

переходный процесс	过渡过程/转变过程
энергетическая система – энергосистема	电力系统/动力系统
электроэнергетическая система	电力系统
происходить/ произойти	进行/发生
режим работы	工作条件、运行工况
электрооборудование	电气设备、电气装置
приёмник энергии	能量接收装置
режим: режим работы	工作条件
физический процесс	物理过程
электростанция	发电站
сеть: электрическая сеть, тепловая сеть	网；电网，供热网
соединять/ соединить	接合、连接/接通
связывать/ связать	把……连接起来/把……接通
преобразование	改变、变换
распределение	分配、分布
непрерывный	不间断的
нагрузка	负荷、负载
цепь	电路、回路
совокупность	总合、总数
интервал времени	时间间隔
элемент	部分、成分/电池
нарушение баланса	违反平衡
вращать/ вращаться	旋转/围绕
механическая инерция	机械惯性
параметры	参数、变量
причина возникновения	产生原因
математическое выражение	数学（表达）式
критерий	标准、准则
метод	方式、方法
количественная оценка	定量估值
прогнозирование	预测
предотвращение	防止

опасные последствия	危险影响、危险后果
потребитель электроэнергии	电力消费者、电力需求者
короткое замыкание	短路
симметрия/ несимметрия	对称/非对称
синхронная машина	同步电机
синхронный/ несинхронный	同步的/异步的

Задание 9. Прочитайте следующие словосочетания. Обращайте внимание на ударение. 朗读下列词组，注意重音。

А. Переходные процессы, электроэнергетическая система, изменение состояния, переход от одного к другому, электрооборудование энергосистемы, приёмники электрической энергии, общий режим, единое целое, физические процессы, электрические сети, тепловые сети, общность режимов, непрерывный процесс производства, преобразование электрической энергии, распределение электрической энергии, преобразование тепла, распределение тепла, общее управление, управление режимом.

Б. Случайные изменения нагрузок, установившийся режим, цепь непрерывных переходных процессов, режим работы энергосистемы, состояние энергетической системы, совокупность условий, совокупность величин, момент времени, интервал времени, изменение электромагнитного состояния элементов, напряжение в узлах системы, нарушение баланса, вращающаяся машина, механическая инерция, начальная стадия, электромагнитные изменения, электромагнитный переходный процесс, электромагнитные величины, электромеханический переходный процесс, механические величины.

В. Практические задачи, изменение параметров, причины возникновения, физическая сущность явлений, математические выражения, возможность использования, количественная оценка, прогнозирование опасных последствий, предотвращение опасных последствий, навыки расчёта, включение электродвигателей, отключение электродвигателей, потребители электроэнергии, короткое замыкание, повторное включение, повторное отключение, магнитное поле.

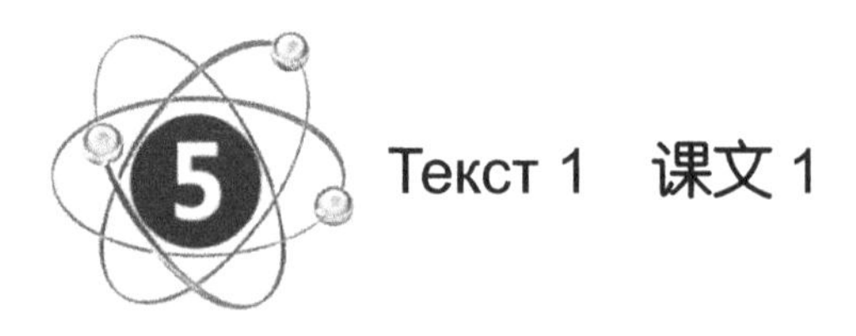

Задание 10. Прочитайте и переведите текст. 阅读并翻译课文。

ПЕРЕХОДНЫЕ ПРОЦЕССЫ В ЭЛЕКТРОЭНЕРГЕТИЧЕСКИХ СИСТЕМАХ

При всяком изменении состояния электроэнергетической системы (ЭЭС) происходят переходные процессы. Под переходным процессом понимают процесс перехода от одного режима работы ЭЭС к другому, чем-либо отличающемуся от предыдущего.

Электроэнергетическая система – это находящееся в данный момент в работе электрооборудование энергосистемы и приёмников электрической энергии, объединённое общим режимом и рассматриваемое как единое целое в отношении протекающих в нём физических процессов (ГОСТ 21027–75).

Энергосистема – это совокупность электростанций, электрических и тепловых сетей, соединённых между собой и связанных общностью режимов и непрерывных процессов производства, преобразования и распределения электрической энергии и тепла при общем управлении этим режимом.

Поскольку в ЭЭС происходят непрерывные и случайные изменения нагрузок, то, строго говоря, в полном понимании термина установившегося режима ЭЭС не существует. Следовательно, режим ЭЭС − это цепь непрерывных переходных процессов.

Режим работы энергосистемы – состояние энергетической системы, характеризующееся совокупностью условий и величин, в какой-либо момент времени или на интервале времени.

Переходный процесс характеризуется изменением электромагнитного состояния элементов ЭЭС, напряжений, токов, мощностей, моментов, частоты, углов сдвига между ЭДС источников и напряжениями в разных узлах системы. Изменения состояния системы характеризуются нарушением баланса между электромагнитным и механическим моментами на валу каждой вращающейся машины. Вследствие относительно большой механической инерции вращающихся машин начальная стадия переходного процесса характеризуется преимущественно электромагнитными изменениями.

Электромагнитный переходный процесс – переходный процесс, характеризуемый изменением значений только электромагнитных величин.

Электромеханический переходный процесс – переходный процесс, характеризуемый одновременным изменением значений электромагнитных и механических величин.

При решении большинства практических задач переходный процесс принимают состоящим из ряда процессов, характеризующих изменение определённой группы параметров. В одну группу выделяют электромагнитные переходные процессы, в другую – электромеханические переходные процессы.

Изучение переходных процессов даёт:

- ясное представление о причинах возникновения и физической сущности явлений;
- знание основных математических выражений, описывающих эти явления, терминологии и определения;
- возможность использования практических критериев и методов их количественной оценки с целью прогнозирования и предотвращения опасных последствий этих процессов;
- навыки расчёта переходных процессов.

Наиболее распространёнными переходными процессами являются процессы, вызванные

- включением и отключением электродвигателей и других потребителей электроэнергии;
- короткими замыканиями (КЗ) в ЭЭС, а также повторным включением или отключением короткозамкнутой цепи;
- возникновением местной несимметрии;
- действием форсировки возбуждения синхронных машин, а также их развозбуждением (гашением их магнитного поля);
- несинхронным включением синхронных машин и др.

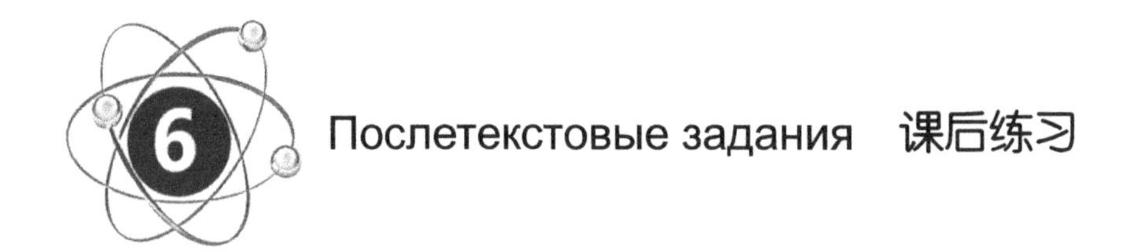

Послетекстовые задания 课后练习

Задание 11. Дайте определение следующим понятиям. 解释下列概念。

1. Переходный процесс.
2. Электроэнергетическая система.
3. Энергосистема.
4. Режим работы энергосистемы.
5. Электромагнитный переходный процесс.
6. Электромеханический переходный процесс.

Задание 12. Ответьте на вопросы к тексту. 回答课文问题。

1. Что понимают под переходным процессом?
2. Что общего в понятиях «электроэнергетическая система» и «энергосистема»? Чем они отличаются?
3. Что означает понятие «режим работы энергосистемы»?
4. Чем характеризуется переходный процесс?
5. Дайте определение понятию «электромагнитный переходный процесс».
6. Дайте определение понятию «электромеханический переходный процесс».
7. В чём заключается разница между понятиями «электромагнитный переходный процесс» и «электромеханический переходный процесс»?
8. Когда переходный процесс принимают состоящим из ряда процессов?
9. Что даёт изучение переходных процессов?
10. Чем вызваны наиболее распространённые переходные процессы?

Задание 13. Закончите следующие предложения, опираясь на информацию текста. 根据课文内容完成下列句子。

1. Под переходным процессом понимают
____
____
2. Электроэнергетическая система – это
____
____
3. Энергосистема – это
____
____
4. Режим работы энергосистемы – это
____
____
5. Переходный процесс характеризуется
____
____
6. Изменения состояния системы характеризуются
____
____
7. Вследствие относительно большой механической инерции вращающихся машин начальная стадия переходного процесса характеризуется
____
____
8. Электромагнитный переходный процесс – это
____
____
9. Электромеханический переходный процесс – это
____
____
10. Изучение переходных процессов даёт:
____
____

Задание 14. Найдите в тексте предложения, в которых употребляются местоимения. 在课文中找出使用代词的句子。

<u>Задание 15.</u> Составьте план к тексту. 列出课文提纲。

<u>Задание 16.</u> Передайте краткое содержание текста согласно плану. 根据提纲，简述课文内容。

Текст 2 课文 2

<u>Задание 17.</u> Прочитайте текст и выполните тестовое задание к нему. 阅读课文，完成相应测试题。

РЕЖИМЫ РАБОТЫ ЭЛЕКТРОЭНЕРГЕТИЧЕСКИХ СИСТЕМ И УПРАВЛЕНИЕ ИМИ

Состояние электроэнергетической системы (ЭЭС) на заданный момент или отрезок времени называется режимом. Режим определяется составом включённых основных элементов ЭЭС и их загрузкой. Значения напряжений, мощностей и токов элементов, а также частоты, определяющие процесс производства, передачи, распределения и потребления электроэнергии, называются параметрами режима.

Если параметры режима неизменны во времени, то режим ЭЭС называется установившимся, если изменяются – то переходным.

Строго говоря, понятие установившегося режима в ЭЭС условное, так как в ней всегда существует переходный режим, вызванный малыми колебаниями нагрузки. Установившийся режим понимается в том смысле, что параметры режима генераторов электростанций и крупных подстанций практически постоянны во времени.

Основная задача энергосистемы – экономичное и надёжное электроснабжение потребителей без перегрузок основных элементов ЭЭС и при обеспечении заданного качества электроэнергии. В этом смысле основной режим ЭЭС – нормальный установившийся. В таких режимах ЭЭС работает большую часть времени.

По тем или иным причинам допускается работа ЭЭС в утяжелённых установившихся (вынужденных) режимах, которые характеризуются меньшей надёжностью, некоторой перегрузкой отдельных элементов и, возможно, ухудшением качества электроэнергии. Длительное существование утяжелённого режима нежелательно, так как при этом существует повышенная опасность возникновения аварийной ситуации.

Наиболее опасными для ЭЭС являются аварийные режимы, вызванные короткими замыканиями и разрывами цепи передачи электроэнергии, в частности, вследствие ложных срабатываний защит и автоматики, а также ошибок эксплуатационного персонала. Длительное существование аварийного режима недопустимо, так как при этом не обеспечивается нормальное электроснабжение потребителей и существует опасность дальнейшего развития аварии и распространения её на соседние районы. Для предотвращения возникновения аварии и прекращения её развития применяются средства автоматического и оперативного управления, которыми оснащаются диспетчерские центры, электростанции и подстанции.

После ликвидации аварии ЭЭС переходит в послеаварийный установившийся режим, который не удовлетворяет требованиям экономичности и не полностью соответствует требованиям надёжности и качества электроснабжения. Он допускается только как кратковременный для последующего перехода к нормальному режиму.

Для завершения классификации режимов ЭЭС отметим ещё нормальные переходные режимы, вызванные значительными изменениями нагрузки и выводом оборудования в ремонт.

Уже из перечисления возможных режимов ЭЭС следует, что этими режимами необходимо управлять, причём для разных режимов задачи управления различаются:

▲ для нормальных режимов – это обеспечение экономичного и надёжного электроснабжения;
▲ для утяжелённых режимов – это обеспечение надёжного электроснабжения при длительно допустимых перегрузках основных элементов ЭЭС;
▲ для аварийных режимов – это максимальная локализация аварии и быстрая ликвидация её последствий;
▲ для послеаварийных режимов – быстрый и надёжный переход к нормальному установившемуся режиму;
▲ для нормальных переходных режимов – быстрое затухание колебаний.

Тест

1. Состояние электроэнергетической системы на заданный момент или отрезок времени называется…
   А. системой;
   Б. режимом;
   В. графиком.
2. Если параметры режима неизменны во времени, то режим ЭЭС называется…
   А. установившимся;
   Б. переходным;
   В. изменяемым.
3. Установившийся режим понимается в том смысле, что параметры режима генераторов электростанций и крупных подстанций практически…
   А. непостоянны во времени;
   Б. изменяются во времени;

В. постоянны во времени.

4. Аварийные режимы, вызванные короткими замыканиями и разрывами цепи передачи электроэнергии, являются…

   А. наиболее опасными;

   Б. наименее опасными;

   В. неопасными.

5. Так как при аварийном режиме не обеспечивается нормальное электроснабжение потребителей и существует опасность дальнейшего развития аварии и распространения её на соседние районы, поэтому длительное существование аварийного режима…

   А. допустимо;

   Б. недопустимо;

   В. возможно.

ТЕМА 9. УСТОЙЧИВОСТЬ ЭНЕРГОСИСТЕМ. ВИДЫ УСТОЙЧИВОСТИ

第九课　电力系统稳定性　稳定性分类

Ключевые понятия: малое возмущение, статическая устойчивость, динамическая устойчивость, результирующая устойчивость, переходный процесс, пропускная способность, предельные нагрузки, управление режимами, ограничение нагрузки, энергообъединение, снижение напряжения.

1 Словообразование　构词

С помощью суффикса **-ИЧЕСК-** образуются имена прилагательные со значением свойственности: реалист – реалист**ическ**ий, грамматика – грамма**тическ**ий, коммунист – коммунист**ическ**ий.

В прилагательных ударение падает всегда на первый слог суффикса.

<u>Задание 1.</u> Образуйте прилагательные с суффиксом <u>-ИЧЕСК-</u> от следующих существительных. 借助后缀 **<u>-ическ</u>** 将下列名词变成形容词。

техника –	экономика –
электротехника –	энергетика –
электричество –	цикл –
лексика –	идеалист –
автоматика –	физик –
период –	математик –
динамика –	биолог –
статика –	ученик –

Грамматический комментарий 1 语法注解 1

Страдательные причастия настоящего времени образуются только от переходных глаголов несовершенного вида с помощью суффиксов **-ом-**, **-ем-**, **-им-**: *применять – применя**ем**ый, изучать – изуча**ем**ый, управлять – управля**ем**ый.*

При образовании причастий возможны случаи чередования гласных и согласных в основах слова: *пере**ве**сти – пере**во**димый, исслед**ова**ть – исслед**у**емый.*

Обратите внимание **на причастия от глаголов типа *передавать – передаваемый, узнавать – узнаваемый.***

<u>Задание 2.</u> Определите, от каких глаголов образованы пассивные причастия настоящего времени. Запишите их. 明确下列现在时被动形动词由哪些动词构词，并写下来。

Образец: *используемый – использовать*

преобразуемый –

видимый –

читаемый –

решаемый –

рекламируемый –

предоставляемый –

проводимый –

изучаемый –

организуемый –

называемый–

предлагаемый –

разрабатываемый –

получаемый –

изобретаемый –

рекомендуемый –

выполнимый –

создаваемый –

трансформируемый –

<u>Задание 3.</u> Образуйте от следующих глаголов пассивные причастия настоящего времени. 把下列动词变成现在时被动形动词。

Образец: *автоматизировать – автоматизируемый*

предоставлять –

записывать –

рассказывать –

пересказывать –

использовать –

применять –

употреблять –

осуществлять –

открывать –

закрывать –
снижать –
повышать –
увеличивать –
уменьшать –

Грамматический комментарий 2 语法注解 2

Пассивное причастие настоящего времени с суффиксами **-ом-**, **-ем-**, **-им-**, **-т-** можно трансформировать в конструкцию со словом **который**, **которая**, **которое**, **которые:** *книга, рекоменду**ем**ая для чтения – книг**а**, котор**ая** рекомендуется для чтения.*

Задание 4. Выполните упражнение по образцу. Запишите свой вариант. 按示例做题，写出自己的答案。

Образец: *электроэнергия, преобразуемая в механическую –*
*электроэнергия, котор**ая** преобразуется в механическую энергию*

1. двигатели, используемые в энергетических системах –
____
2. электрическая энергия, передаваемая на дальние расстояния –
____
3. закон, открываемый учёным –
____
4. тепловая энергия, преобразуемая в электрическую энергию –
____
5. электрическая энергия, преобразуемая в тепловую энергию –
____
6. методы, применяемые в экономике –
____
7. семинары, организуемые преподавателями –
____
8. текст, пересказываемый студентом –
____

Задание 5. Замените пассивное причастие настоящего времени конструкцией со словом который. 用带有单词 **который** 的结构替换现在时被动形动词。

1. Программа, разрабатываемая преподавателями, предусматривает серьёзную работу

студентов во время семестра.

____

2. Предметы, изучаемые на нашем факультете, являются сложными.

____

3. Метод экономиста В. Леонтьева, называемый «затраты-выпуск», считают классическим в современной экономике.

____

4. Мы изучаем синхронные и асинхронные двигатели, активно используемые в энергетических системах.

____

5. Текст, пересказываемый студентом, преподаватель оценил высоко.

____

6. Электрические лампы, применяемые повсеместно, отличаются надёжностью.

____

7. Характер переходного процесса, оцениваемый при динамическом переходе от одного режима к другому, может быть медленным, апериодичным, монотонным.

____

8. Электроэнергия, преобразуемая в тепловую энергию, широко используется в быту и разных отраслях промышленности.

____

Задание 6. Употребите подходящее по смыслу причастие, данное в скобках. 用括号中所给的正确形动词形式填空。

1. Асинхронный двигатель, __________ активно в электроэнергетических системах, отличается высокой надёжностью *(применяемый – применяющий)*.
2. Премия, __________ Нобелевскому лауреату, считается самой престижной *(вручающий – вручаемый)*.
3. К стадиям протекания электромеханического переходного процесса относится быстрая динамика, __________ по отклонению взаимных углов роторов генераторов в течение нескольких секунд *(оцениваемый – оценивающий)* и длительная динамика, __________, качаниями отдельных частей энергообъединения от десятков секунд до нескольких минут *(характеризуемый – характеризующий)*.
4. На столе лежит словарь, активно __________ студентами для перевода *(использующий – используемый)*.
5. Короткие замыкания, __________ при работе электрических сетей, линий передач и электрических машин под напряжением, развиваются быстро *(возникающие – возникаемые)*.
6. При переходных процессах, длительность которых достигает 10-15 минут, важной характеристикой является изменение частоты, __________ динамическое поведение

энергосистемы *(определяющий – определяемый)*.

7. Переходные процессы, __________ в одной машине, могут оказать влияние на работу других машин и всей энергосистемы *(возникающие – происходящие)*.

Модели научного стиля речи 科技语体句型

Кто (1)* уделяет внимание *чему (3)

В последние годы многие компании уделяют особое внимание повышению квалификации своих сотрудников.

Внимание уделяется *чему (3)*

При управлении режимами крупных энергообъединений большое внимание уделяется переходным процессам, длительность которых достигает 10-15 минут.

Что (1)* возникает под действием *чего (2)*, *вследствие чего (2)

Под действием больших возмущений возникают резкие изменения режима.

Что (1)* происходит *из-за чего (2)

Из-за возникшего возмущения происходит отклонение скоростей вращения роторов генератора.

Считается, *что*

Считается, что режим, который наступает после переходного процесса, должен иметь достаточный запас устойчивости.

Предполагается, *что*

Предполагается, что конкурс о приёме на работу специалиста проводит руководитель компании.

Что (1)* вызывает *что (4)

Существует режим, при котором очень малое увеличение нагрузок вызывает нарушение его устойчивости.

Что (1)* вызывается *чем (5)

Довольно часто переходные процессы в энергосистемах и синхронных машинах вызываются короткими замыканиями в электрических сетях и линиях электропередачи.

Что (1)* вызвано *чем (5)

Ограничение нагрузок может быть вызвано также нагревом элементов ЭЭС (линий электропередачи, трансформаторов и т.д.).

Задание 7. Употребите подходящий по смыслу глагол, данный в скобках. **用适当动词填空。**

1. __________, что собеседование по поводу устройства на работу с кандидатом должен проводить руководитель отдела или предприятия *(предполагать – предполагается).*
2. Большие возмущения __________ при различных коротких замыканиях, отключении линии электропередачи, генераторов, трансформаторов и пр. *(возникать – появляться).*
3. Правительством __________ огромное внимание выполнению социальных программ *(уделять – уделяться).*
4. Переходные процессы в энергосистемах __________ часто короткими замыканиями в электрических сетях и линиях электропередачи *(вызывать – вызываться).*
5. Тот, кто __________ хорошим специалистом, может рассчитывать на высокую заработную плату *(считать – считаться).*
6. Большие убытки __________ в результате нарушения энергоснабжения крупных промышленных районов *(происходить – возникать).*
7. Необходимо __________ разные средства автоматического управления и регулирования, чтобы быстро воздействовать на возникшие переходные процессы *(использовать – использоваться).*
8. 8. Не каждый руководитель может __________ хорошим администратором *(считать – считаться).*

Задание 8. Употребите подходящий по смыслу глагол, данный ниже. **用适当动词填空。**

1. Короткие замыкания __________ по разным причинам.
2. Переходные процессы, которые __________ в одной машине, могут оказать влияние на работу других машин и всей энергосистемы, так как в этих машинах тоже возникают разные переходные процессы.
3. Руководитель предприятия должен __________ большое внимание подбору кадров.
4. Короткие замыкания, которые __________ при работе электрических сетей, линий передач и электрических машин под напряжением, развиваются быстро.
5. Переходные процессы в энергосистемах и синхронных машинах часто __________ из-за короткого замыкания.
6. В нашем университете __________ большое __________ изучению технических дисциплин.
7. Трансформатор __________ собой замкнутый стальной сердечник, изготовленный из пластин.
8. Результирующую устойчивость иногда __________ разновидностью динамической устойчивости.

Слова для справок: *уделять, уделяется внимание, представлять (собой), считать, возникать, происходить.*

Предтекстовые задания 课前练习

<u>Задание 9.</u> Прочитайте и запомните следующие слова и словосочетания. 朗读并记住下列单词和词组。

режим	状态、方法、制度
параметр	参数
фактор	因素、因子
энергообъединение	动力组合、联合动力系统
разновидность	变种、变形、分类
коммутация	整流、转换、转换开关
изменение	变化、更改
реакция	反应
возбуждение	刺激、励磁
возмущение	搅动、气愤
замыкание	闭合、接通、短路
мощность	功率、能力
устойчивость	稳定性
нагрев	加热、供暖
нагрузка	负荷、工作量
состояние	状况、状态
поведение	行为
переходный процесс	瞬变过程、电磁暂态过程
пропускная способность	生产能力、通过能力
исходное состояние	初始状态
нарушать/нарушить	破坏
устанавливать/установить	确定、安装
восстанавливать/восстановить	恢复
вызывать/вызвать	引起

<u>Задание 10.</u> Прочитайте следующие словосочетания. Обратите внимание на ударение. 朗读下列词组，注意重音。

А. Малое возмущение, установившийся режим, регулирующие устройства, статическая устойчивость, динамическая устойчивость, результирующая устойчивость, короткое замыкание, переходный процесс, пропускная способность, важнейшая характеристика, наибольшая мощность, максимальные и предельные нагрузки, возникшее возмущение, синхронная зона.

Б. Схемы коммутации, изменение нагрузки, изменение мощности, резкие изменения режима, виды устойчивости, включение крупных двигателей, управление режимами, ограничение нагрузки.

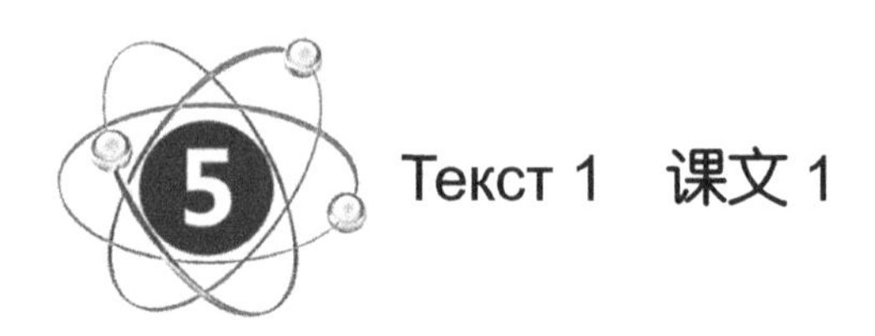

Задание 11. Прочитайте и переведите текст. 阅读并翻译课文。

УСТОЙЧИВОСТЬ ЭНЕРГОСИСТЕМ. ВИДЫ УСТОЙЧИВОСТИ

Режимы электрической энергосистемы подразделяются на установившиеся и переходные. В установившемся режиме системы его параметры постоянно меняются. Это связано со следующими факторами:

– с изменением нагрузки и реакцией на эти изменения регулирующих устройств;
– с изменениями схемы коммутации системы;
– включением и отключением отдельных генераторов или изменением их мощности.

Таким образом, в установившемся режиме системы всегда есть малые возмущения параметров её режима, при которых она должна быть устойчива.

Существуют следующие виды устойчивости:

– статическая устойчивость;
– динамическая устойчивость;
– результирующая устойчивость.

Рассмотрим эти виды устойчивости.

Статическая устойчивость – это способность системы восстанавливать исходный (или близкий к исходному) режим после малого его возмущения.

Аварийные режимы в ЭЭС возникают при КЗ (коротком замыкании), отделении отдельных энергосистем от синхронной зоны. Под действием больших возмущений возникают резкие изменения режима.

Динамическая устойчивость – это способность системы возвращаться в исходное (или близкое к нему) состояние после большого возмущения. Когда после большого возмущения синхронный режим системы нарушается, а затем после некоторого перерыва восстанавливается, то говорят о **результирующей устойчивости** системы. Результирующую устойчивость иногда считают разновидностью динамической устойчивости.

При управлении режимами крупных энергообъединений большое внимание уделяется переходным процессам, длительность которых достигает 10-15 минут. В этом случае важнейшей характеристикой является изменение частоты, определяющее динамическое поведение энергообъединения.

Существует режим, при котором очень малое увеличение нагрузок вызывает нарушение его устойчивости. Такой режим принято называть предельным, а нагрузки системы – максимальными или предельными нагрузками.

Ограничение нагрузок может быть вызвано также нагревом элементов ЭЭС (линий электропередач, трансформаторов и т.д.)

Пропускной способностью какого-либо элемента энергосистемы называют наибольшую мощность, которая передаётся через этот элемент с учётом всех ограничивающих факторов, например, нагрев, устойчивость, напряжение в узлах и т.д.

Понятие о пропускной способности применяют к динамической устойчивости. Здесь речь идёт о пределе передаваемой мощности при КЗ в каком-либо месте, отключении линии и т.п.

При динамическом переходе от одного режима к другому оценивается характер переходного процесса (быстрый, медленный, монотонный, апериодичный) и новый установившийся режим. Качество переходного процесса считается хорошим, если происходит его быстрое затухание, апериодичность или монотонность. Режим, который наступает после переходного процесса, должен иметь достаточный запас устойчивости.

Таким образом, если статическая устойчивость характеризует установившийся режим системы, то при динамической устойчивости система способна сохранять синхронный режим работы при больших его возмущениях. Когда они происходят? Большие возмущения возникают при различных коротких замыканиях, отключении линии электропередачи, генераторов, трансформаторов и пр. К большим возмущениям также относятся:

- изменения мощности крупной нагрузки;
- потеря возбуждения какого-либо генератора;
- включение крупных двигателей.

Из-за возникшего возмущения происходит отклонение скоростей вращения роторов генератора от синхронной.

Обычно выделяют две стадии протекания электромеханического переходного процесса во времени:

1) быстрая динамика, оцениваемая по отклонению взаимных углов роторов генераторов в течение нескольких секунд.

2) длительная динамика, характеризуемая качаниями отдельных частей энергообъединения от десятков секунд до нескольких минут с частотой от нескольких десятых герца до нескольких герц.

Послетекстовые задания 课后练习

Задание 12. Ответьте на вопросы к тексту. 回答课文问题。

1. Какие виды режимов электрической энергосистемы существуют?
2. Почему в установившемся режиме системы его параметры постоянно меняются? С чем это связано?
3. Какие виды устойчивости существуют?
4. Что представляет собой статическая устойчивость?
5. Что такое динамическая устойчивость?
6. Что такое результирующая устойчивость?
7. Чему уделяется большое внимание при управлении режимами крупных энергообъединений?
8. Что оценивается обычно при динамическом переходе от одного режима к другому?
9. В каком случае качество переходного процесса считается хорошим?
10. Какие стадии протекания электромеханического переходного процесса во времени обычно выделяют?

Задание 13. Закончите предложение, ориентируясь на содержание текста. 根据课文内容，续完句子。

1. В установившемся режиме системы всегда есть малые возмущения параметров её режима, при которых

   ____

2. Аварийные режимы в электрической энергосистеме возникают при коротком замыкании,

   ____

3. Когда после большого возмущения синхронный режим системы нарушается, а затем после некоторого перерыва восстанавливается, то

   ____

4. Существует режим, при котором очень малое увеличение нагрузок вызывает

   ____

5. Пропускной способностью какого-либо элемента энергосистемы называют наибольшую мощность,

   ____

6. При динамическом переходе от одного режима к другому оценивается характер

   ____

____

7. Режим, который наступает после переходного процесса, должен иметь достаточный

____

8. Если статическая устойчивость характеризует установившийся режим системы, то при динамической устойчивости

____

9. К большим возмущениям также относятся изменения мощности крупной нагрузки,

____

10. Из-за возникшего возмущения происходит отклонение скоростей вращения роторов генератора от

____

<u>Задание 14.</u> Найдите в тексте предложения, в которых употребляются активные причастия с суффиксами -ЕМ, -ИМ. 找出课文中带后缀 -ем, -им 的主动形动词的句子。

<u>Задание 15.</u> Составьте план к тексту. 列出课文提纲。

<u>Задание 16.</u> Передайте краткое содержание текста согласно плану. 根据提纲，简述课文内容。

Текст 2 课文 2

<u>Задание 17.</u> Прочитайте текст и выполните тестовое задание к нему. 阅读课文，完成相应测试题。

О ЗАМЫКАНИИ В ЭЛЕКТРОЭНЕРГЕТИЧЕСКИХ СИСТЕМАХ

Электрические сети характеризуются нормальным, ненормальным и аварийным режимом работы. При нормальном режиме по всем элементам сети протекают рабочие токи, не превышающие допустимых. При ненормальном режиме (например, перегрузке) допускается работа электроустановки в течение определённого времени, после чего должно следовать отключение. Аварийный режим работы характеризуется резким изменением нескольких параметров, например, повышение тока, снижение напряжения и т.д. и требует немедленного отключения электроустановки.

Большая часть аварий в электроэнергетической системе (ЭЭС) происходит из-за короткого замыкания (КЗ), основной причиной которого является повреждение изоляции. Короткое замыкание – не предусмотренное нормальными условиями эксплуатации замыкание между фазами или между фазами и землёй. Оно возникает при повреждении изоляции силовых кабелей во время земляных работ, при падении опор воздушных линий или обрыве проводов. Повреждение изоляции возможно при перенапряжениях, например, при прямых ударах молнии в провода. Короткие замыкания возможны также из-за перекрытия токоведущих частей птицами и животными или ошибочных действий персонала.

При возникновении короткого замыкания общее сопротивление электрической системы уменьшается, токи и углы между токами и напряжениями увеличиваются, напряжения в отдельных частях системы снижаются. Токи КЗ могут в десятки и сотни раз превышать рабочие токи элементов электроустановок и достигать десятков тысяч ампер.

Наиболее часто встречается однофазное короткое замыкание, и его вероятность возрастает с увеличением напряжения сети. Иногда в процессе развития аварии первый вид КЗ переходит в другой, например, однофазное КЗ в двухфазное на землю.

Причин возникновения короткого замыкания довольно много. К основным относятся, как уже было отмечено, нарушение изоляции электрооборудования, вызываемое его старением, загрязнением поверхности изоляторов, механическими повреждениями. К механическим повреждениям элементов электрической сети относится обрыв провода линии электропередач и т.д.

Тест

1. Аварийный режим работы характеризуется резким изменением нескольких параметров, например, ...

   А. повышение тока, снижение напряжения и т.д. и требует немедленного отключения электроустановки;

   Б. повышение тока, снижение напряжения и т.д., при этом не требуется немедленного отключения электроустановки;

   В. повышение тока, снижение напряжения и т.д. и требует иногда отключения электроустановки.

2. При нормальном режиме по всем элементам сети протекают рабочие токи, …

   А. превышающие допустимые;

   Б. превышающие допустимые и в особых случаях не превышающие допустимых;

   В. не превышающие допустимых.

3. Короткое замыкание – это ...

   А. предусмотренное нормальными условиями эксплуатации замыкание между фазами и землёй;

   Б. не предусмотренное нормальными условиями эксплуатации замыкание между фазами или между фазами и землёй;

В. предусмотренное нормальными условиями эксплуатации замыкание между фазами и между фазами и землёй.

4. При возникновении короткого замыкания ...

А. общее сопротивление электрической системы уменьшается, токи и углы между токами и напряжениями увеличиваются, напряжения в отдельных частях системы также увеличиваются;

Б. общее сопротивление электрической системы уменьшается, токи и углы между токами и напряжениями увеличиваются, напряжения в отдельных частях системы снижаются;

В. общее сопротивление электрической системы уменьшается, токи и углы между токами и напряжениями снижаются, напряжения в отдельных частях системы увеличиваются.

5. Наиболее часто встречается…

А. однофазное короткое замыкание, и его вероятность возрастает с увеличением напряжения сети;

Б. двухфазное короткое замыкание, и его вероятность возрастает с увеличением напряжения сети;

В. однофазное короткое замыкание, и его вероятность возрастает с уменьшением напряжения сети.

ТЕМА 10. ЭЛЕКТРОСНАБЖЕНИЕ

第十课　电力供应

Ключевые понятия: обеспечение электроэнергией, система электроснабжения, источник питания, повышающие электрические подстанции, понижающие электрические подстанции, распределительные электрические сети, вспомогательные устройства, вспомогательные сооружения, питающие сети, энергетические системы, комбинированное снабжение энергией, комбинированное снабжение теплом, разгрузка источников питания, потребление электроэнергии, питание электроэнергией, распределение энергии, электрическая нагрузка, источник электроэнергии, кабельные линии электропередачи, воздушные линии электропередачи, потребители электроэнергии.

Словообразование　构词

Сложение – способ образования новых слов путём сложения двух (или нескольких) слов, основ производящих слов с соединительными гласными (**-о-**, **-е-**); в сложных словах, имеющих в составе числительное, используются гласные **-и-**, **-а-**, **-ух**: *электр**о**снабжение, грязе**о**чиститель, пят**и**минутный, сорок**а**метровый, дв**ух**этажный*. Соединительные гласные могут отсутствовать. В результате сложения образуется сложное слово, то есть слово с несколькими корнями.

Сложные слова могут возникать в результате соединения слова и слова (*Царь-пушка*), основы слова и слова (*электроприёмник*), частей слова (*универмаг*).

Задание 1. Найдите и выделите основы сложных слов. Образуйте из сложных слов словосочетания. Запишите их. 找出并划出复合词的词干。用合成词组词并写出来。

Образец: *электроснабжение – [электр-о-снабжение] – электрическое снабжение*

электроснабжение –　　　　электробезопасность –

электродвигатель –　　　　электродиагностика –

электрооборудование –　　　　электропередача –

электроприбор –　　　　электропровод –

электросеть – электростанция –
электротехника – электроэнергия –

Грамматический комментарий 1　语法注解 1

Вводные слова и сочетания – это слова и сочетания слов, выражающие отношение говорящего к содержанию предложения, не являющиеся членами предложения и не связанные с членами предложения грамматически.

Выделяют несколько основных групп вводных слов и сочетаний по их значению:

Оценка сообщаемого с точки зрения достоверности и т.п.:

1. **уверенность, достоверность:** конечно, разумеется, бесспорно, несомненно, без сомнения, безусловно, действительно, в самом деле, правда, само собой, само собой разумеется, подлинно и др.
2. **неуверенность, предположение, неопределённость, допущение:** наверное, кажется, как кажется, вероятно, по всей вероятности, право, очевидно, возможно, пожалуй, видно, по-видимому, как видно, может быть, должно быть, думается, думаю, полагаю, надо полагать, надеюсь, некоторым образом, в каком-то смысле, предположим, допустим, так или иначе и др.
3. **источник сообщения:** по сообщению кого-либо, по мнению кого-либо, по-моему, по-твоему, по словам кого-либо, по выражению кого-либо, с точки зрения кого-либо, говорят, как слышно, как думаю, как считаю, как помню, как говорят, как считают, как известно, как указывалось, как оказалось, на мой взгляд и др.
4. **порядок мыслей и их связь:** во-первых, во-вторых, в-третьих, наконец, итак, следовательно, значит, таким образом, напротив, наоборот, например, к примеру, в частности, кроме того, к тому же, в довершении всего, притом, с одной стороны, с другой стороны, впрочем, между прочим, в общем, сверх того, главное, кстати, кстати сказать, к слову сказать и др.
5. **оценка стиля высказывания, манеры речи, способов оформления мыслей:** одним словом, другими словами, иначе говоря, собственно говоря, вернее, лучше сказать, прямо сказать, так сказать, если можно так выразиться, что называется и др.
6. **оценка меры, степени того, о чём говорится; степень обычности излагаемых фактов:** по меньшей мере, по крайней мере, в той или иной степени, в значительной мере, по обыкновению, по обычаю, как это случается и др.

<u>Задание 2.</u> Найдите в предложениях вводные слова, сочетания. Определите их значение. **找出句中插入词和词组。确定它们的意义。**

1. Следовательно, необходимо проектировать и создавать такие схемы и конструкции электрических сетей, которые позволяют перестраивать их в условиях действующего предприятия без нарушения производственного процесса.

Значение: ______________________________

2. По мнению автора, несмотря на краткость изложения теоретического материала, его объёма и содержания достаточно, чтобы студент спроектировал систему внутризаводского электроснабжения.

Значение: ______________________________

3. Потому постоянное наличие в доме напряжения питания и правильно выполненная схема электроснабжения, безусловно, относятся к вопросам первой важности.

Значение: ______________________________

4. По сути, внешнее электроснабжение – это система передачи электроэнергии от генерирующего электроэнергию предприятия до конечного пользователя.

Значение: ______________________________

5. Согласитесь, что даже самый незначительный перерыв в электроснабжении операционных палат приведёт к причинению вреда здоровью и жизни человека.

Значение: ______________________________

6. Словом, роль каждого замечания огромна.

Значение: ______________________________

7. Случается, по техническим условиям возникает необходимость замены существующих проводов на провода, имеющие большее сечение, для того, чтобы подвести большую мощность к дому.

Значение: ______________________________

8. Для крупных энергоёмких предприятий, например, металлургических заводов с большим теплопотреблением и значительным выходом вторичных энергоресурсов, сооружаются мощные ТЭЦ.

Значение: ______________________________

Грамматический комментарий 2 语法注解 2

Вводные слова и сочетания выделяются запятыми. Однако в зависимости от контекста одни и те же слова могут выступать или в роли вводных слов, или в роли членов предложения. **Для того чтобы не ошибиться, следует помнить,** что

а) к члену предложения можно поставить вопрос;

б) вводное слово не является членом предложения и имеет одно из перечисленных выше значений;

в) вводное слово можно опустить или переставить в другое место предложения без нарушения его структуры.

Сравните приведённые предложения:

1) Может быть, брат станет электротехником (может быть – вводное сочетание).
   Брат может быть электротехником: у него талант к физике (может быть – часть сказуемого).
2) Ты, верно, из Китая? (верно – вводное слово)
   Ты решил задачу верно (верно – обстоятельство).
3) Возможно, он позвонит сегодня (возможно – вводное слово).
   Статью возможно написать за неделю (возможно – часть сказуемого).

Задание 3. Найдите в предложениях вводные слова, сочетания. Расставьте недостающие знаки препинания. 找出句中插入词和词组，添加所缺标点符号。

1. Кроме того такой подход позволит избежать переплаты за лишнюю энергию при оплате тарифа за присоединение к электрическим сетям.
2. К числу таких электроприёмников относится например большинство электропечей, обладающих значительной тепловой инерцией, некоторые электролизные установки, которые позволяют выравнивать графики нагрузок в энергетических системах.
3. Во-первых электроснабжение инфокоммуникаций зависит от качества электроэнергии и надёжности электроснабжения; во-вторых основным средством обеспечения надёжности и качества электроснабжения являются источники бесперебойного питания.
4. По крайней мере это касается электроснабжения: электрификация частного дома более сложна, нежели подключение к электросетям квартиры.
5. В противном случае пришлось бы дополнительно предусматривать некоторое количество отдельных щитов и прочего оборудования, при этом по сути заказчик экономит лишь за счёт меньшей мощности дизель-генераторной установки, но теряет за счёт увеличения числа оборудования.
6. Как известно электроснабжение может быть однофазным (это когда в квартиру или дом подаётся три провода – фаза и ноль, заземление) или трёхфазным (пять проводов – заземление, ноль, три провода фаз А В С).
7. Другими словами система электроснабжения должна обеспечивать на автомобиле положительный зарядный баланс.
8. Предположим по расходу воды ГЭС за сутки может выработать только 1200 МВт-ч.

<u>Задание 4.</u> Рассмотрите пары предложений, расставив недостающие знаки препинания. Определите, в каких случаях одни и те же слова являются вводными, в каких – членами предложения. 对比两个句子，在必要的地方添加所缺标点符号。确定同样的词，在何种情况下用做插入语，何种情况下为句子成分。

1.
   - Для второй категории электроснабжения ***<u>возможно</u>*** питание по одной кабельной линии из нескольких кабелей от одного аппарата.
   - ***<u>Возможно</u>*** для осуществления технологического подсоединения к электросети необходимо проектирование внешнего электроснабжения.
2.
   - ***<u>Подчёркиваю</u>*** проект электроснабжения здания должен строго соответствовать СНИПам и ГОСТам РФ.
   - Я ***<u>подчёркиваю</u>*** принципиальную разницу в требованиях к параллельной работе источников в энергосистеме и системе электроснабжения.
3.
   - ***<u>Говорят</u>*** электроснабжение мобильных электротранспортных средств может осуществляться различными способами.
   - Свои знания и опыт – это одно, но что ***<u>говорят</u>*** официальные правила?
4.
   - Я ***<u>полагаю</u>*** целесообразным в исковом заявлении коротко указать, каким образом ранее осуществлялось электроснабжение отключенного садового участка или садового дома.
   - ***<u>Полагаю</u>*** серьёзным толчком в развитии инновации или отдельных видов инновационной продукции системе электроснабжения будет условие, при котором произойдёт объединение усилий государства, регионального правительства, предпринимательства и научных учреждений, которые бы совместно формировали и реализовывали крупные проекты, вкладывая в них соответствующие средства.

Модели научного стиля речи 科技语体句型

Что (1) **служит** ***для чего (2)***

Электроснабжение служит для обеспечения электроэнергией всех отраслей хозяйства.

Что (1) **входит** ***куда/ во что (4)***

В систему электроснабжения входят источники питания, повышающие и понижающие электрические подстанции, питающие распределительные электрические сети, различные вспомогательные устройства и сооружения.

Кто/что (1) **зависит** ***от кого/чего (2)***

Некоторая специфика и местные различия в схемах электроснабжения зависят от размеров территории страны.

Где (6)* используют *что (4)

На промышленных предприятиях и в городах используют теплоэлектроцентрали, мощность которых определяется потребностью в тепле для технологических нужд и отопления.

Кто/что (1)* может оказаться *каким (5)

Оно может оказаться целесообразным в районах с небольшой плотностью электрических нагрузок.

Что (4)* строят *исходя из чего (2)

Схемы систем электроснабжения строят исходя из принципа максимально возможного приближения источника электроэнергии высшего напряжения к электроустановкам потребителей.

Для чего (2)* применяют *что (4)

Для этих целей применяют глубокие вводы (35-220 кВ) кабельных и воздушных линий электропередачи.

Кто/что (1)* размещается *где (6)

Понижающие подстанции размещаются в центрах расположения основных потребителей электроэнергии, т.е. в центрах электрических нагрузок.

Что (1)* определяется *чем (5)

Необходимая степень надёжности определяется тем возможным ущербом, который может быть нанесён производству при прекращении их питания.

Задание 5. А: Выпишите из предложений выделенные слова. Поставьте к ним вопросы. 写出划线词语，并对划线词语提问。 Б: Составьте конструкции (см. «Речевые модели»). 参照例子写出句型结构。

Образец:

АФС часто используют для электроснабжения отдельных домов. –

А: (Что?) АФС используют *(для чего?)* для электроснабжения. –

Б: Что используют *для чего.*

1. С начала 50-х годов в нашей стране космические летательные **аппараты** **используют** в качестве основного источника энергопитания солнечные **батареи**, которые непосредственно преобразуют энергию солнечной радиации в электрическую.

   А: ______________________________

   Б: ______________________________

2. Для дачи или загородного дома автономное **электроснабжение** **может оказаться** вполне **актуальным**.

   А: ______________________________

   Б: ______________________________

3. **Электроснабжение** **определяется** следующими **факторами**: качеством электроэнергии и её надёжностью.
   А: ______________________________
   Б: ______________________________
4. **Электроснабжение** **служит** **для обеспечения** электроэнергией всех отраслей хозяйства: промышленности, сельского хозяйства, городского хозяйства и т. д.
   А: ______________________________
   Б: ______________________________
5. **Схемы** систем электроснабжения **строят** **исходя из принципа** максимально возможного приближения источника электроэнергии высшего напряжения к электроустановкам потребителей.
   А: ______________________________
   Б: ______________________________
6. **Для электроснабжения** шахт **применяют** трёхфазный переменный **ток**, напряжением 6/10/35/110/150/220 кВ, промышленной частоты 50 Гц.
   А: ______________________________
   Б: ______________________________
7. Вырабатываемая автономной энергосистемой **электроэнергия** **имеет** сравнительно высокую **цену**.
   А: ______________________________
   Б: ______________________________
8. **ГПП** обычно **размещается** **на границе** предприятия со стороны подвода воздушных питающих линий, если этому не препятствуют условия загрязнения изоляции.
   А: ______________________________
   Б: ______________________________

Задание 6. Вместо пропусков употребите подходящие по смыслу глаголы, данные ниже. 从下面的动词中找出合适动词填在空白处。

1. Использование солнечного электричества __________ много преимуществ.
2. Распределительный пункт __________ для приёма и распределения электроэнергии без её преобразования или трансформации.
3. Схема распределения электроэнергии в здании __________ от напряжения сети, уровня электрических нагрузок, надёжности электроснабжения, экономичности, простоты и удобства эксплуатации, а также конструктивных особенностей здания.
4. На каждом этаже в систему электроснабжения __________ автоматические выключатели, электросчётчики.
5. Качество электроснабжения __________ уровнем напряжения, подводимого к электроприёмникам.
6. Обычно для хранения энергии __________ аккумуляторные батареи.

7. Таким образом, правильный расчёт системы электроснабжения __________ большое значение для дальнейшей работы предприятия в целом.
8. В шкафу управления низкого напряжения __________ контрольная, учётная и измерительная аппаратура.

Слова для справок: *зависит, имеет, определяется, имеет, размещается, входят, служит, используют.*

Предтекстовые задания 课前练习

<u>Задание 7.</u> Прочитайте и запомните следующие слова и словосочетания. 朗读并记住下列单词和词组。

электроснабжение 电力供应、供电
обеспечение 充分供给、保证供应
отрасль хозяйства 设施部门、生产部门
источник питания 电源
электрическая подстанция:повышающая электрическая подстанция, понижающая электрическая подстанция 电站：升压变电站，降压变电站
распределительная электрическая сеть 配电网
схема 示意图、线路图
электрифицированный объект 电气工程
энергоёмкость 电能耗量
комбинированный 组合的、混合的
теплоэлектроцентраль 热电站
мощность 功率、能力
определяться *кем/чем* 确定……
потребность в *ком/чём* 需要……、需求……
технологические нужды 技术需求
отопление 供暖装置
теплопотребление 耗热、需热
энергоресурсы 动力资源
ТЭЦ – теплоэлектроцентраль 中央热电站
устанавливать/ установить 安装/调整
генератор 发电机

вырабатывать/ выработать	制造/生产
технологический процесс	工艺流程
потреблении электроэнергии	电力消费
электроприёмник	用电设备
электропечь	电炉
тепловая инерция	热惯性
установка: электролизная установка, выпрямительная установка	装置：电解装置，整流器
график нагрузок	负荷图表
распределение энергии	配电
линия электропередачи: кабельная линия электропередачи, воздушная линия электропередачи	电线路：电缆输电线路，架空输电线路
сетевое напряжение	电网电压
сеть: питающая сеть, распределительная сеть	电网：电源网，配点网
электрическая нагрузка	电力负荷
нагрузка	负荷、负载
режим работы	工作条件
бесперебойность работы	连续工作
прекращение	停止、关闭
категория	范畴、种类
источник питания:резервированный источник питания, независимый источник питания	电源：电源余度，独立电源
допустимый	可容许的
восстановление (источника) питания	电源
предусматривать/ предусмотреть	预见到/规定

Задание 8. Прочитайте следующие словосочетания. Обращайте внимание на ударение. 朗读下列词组，注意重音。

А. Обеспечение электроэнергией, отрасль хозяйства, сельское хозяйство, система электроснабжения, источники питания, повышающие электрические подстанции, понижающие электрические подстанции, распределительные электрические сети, вспомогательные устройства, вспомогательные сооружения, принципы построения, промышленно развитые страны, зависеть от размеров, плотность размещения, размещение электрифицированных объектов, питающие сети, энергетические системы.

Б. Комбинированное снабжение энергией, комбинированное снабжение теплом, потребность в тепле, технологические нужды, энергоёмкие предприятия, выход вторичных энергоресурсов, устанавливать генераторы, снабжать электрической энергией, снабжать теплом, разгрузка источников питания, потребление электроэнергии, тепловая инерция, график нагрузок, питание электроэнергией, распределение энергии, при определённых условиях, сетевое напряжение, средняя мощность, мощные электроприёмники.

В. Электрическая нагрузка, схемы систем электроснабжения, источник электроэнергии, кабельные линии электропередачи, воздушные линии электропередачи, потребители электроэнергии, потеря электроэнергии, режим работы электроприёмников, надёжность электроснабжения, бесперебойность работы электроприёмников, 1-я категория, прекращение питания, объекты с повышенными требованиями, схемы электроснабжения, независимые источники, допустимый перерыв в электроснабжении, восстановление питания, дополнительный источник.

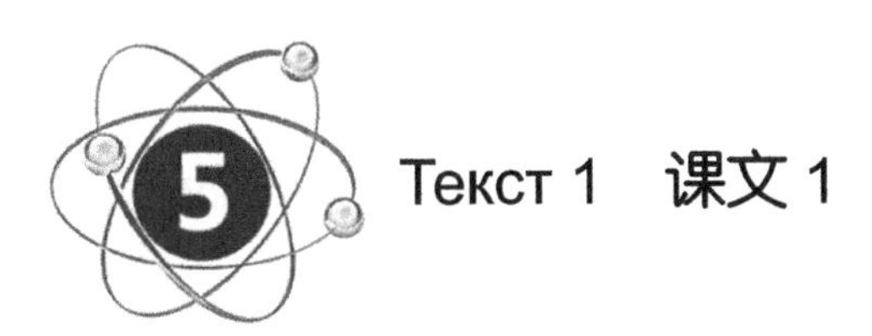

Текст 1　课文 1

<u>Задание 9.</u> Прочитайте и переведите текст. **阅读并翻译课文。**

ЭЛЕКТРОСНАБЖЕНИЕ

Электроснабжение служит для обеспечения электроэнергией всех отраслей хозяйства: промышленности, сельского хозяйства, транспорта, городского хозяйства и т.д. В систему электроснабжения входят источники питания, повышающие и понижающие электрические подстанции, питающие распределительные электрические сети, различные вспомогательные устройства и сооружения.

Принципы построения систем электроснабжения в промышленно развитых странах являются общими. Некоторая специфика и местные различия в схемах электроснабжения зависят от размеров территории страны, её климатических условий, уровня экономического развития, объёма промышленного производства и плотности размещения электрифицированных объектов и их энергоёмкости.

Источники питания. Основные источники питания электроэнергией – электростанции и питающие сети районных энергетических систем. На промышленных предприятиях и в городах для комбинированного снабжения энергией и теплом используют теплоэлектроцентрали, мощность которых определяется потребностью в тепле для технологических нужд и отопления. Для крупных энергоёмких предприятий, например, металлургических заводов с большим теплопотреблением и значительным выходом вторичных энергоресурсов, сооружаются мощные ТЭЦ, на которых устанавливают генераторы, вырабатывающие ток напряжением до 20 кВ. Такие электростанции, обычно расположенные за пределами завода на расстоянии до 1-2 км, имеют районное значение и, кроме предприятия, снабжают электрической энергией и теплом близлежащие промышленные и жилые районы. Для разгрузки источников питания в часы пик служат так называемые «потребители-регуляторы», которые без существенного ущерба для технологического процесса допускают перерывы или ограничения в потреблении электроэнергии. К числу таких электроприёмников относится, например, большинство электропечей, обладающих значительной тепловой инерцией, некоторые электролизные установки, которые позволяют выравнивать графики нагрузок в энергетических системах.

Питание электроэнергией крупных промышленных, транспортных и предприятий городского хозяйства осуществляется на напряжениях 110 и 220 кВ (в США часто 132 кВ), а для особо крупных и энергоёмких – 330 и 500 кВ. Распределение энергии на первых ступенях при этом выполняется на напряжении 110 или 220 кВ. Напряжение 110 кВ применяется чаще, т.к. в этом случае легче разместить воздушные линии электропередачи на застроенных территориях предприятий и городов. Распределение энергии между потребителями при напряжении 220 кВ целесообразно тогда, когда это напряжение является также и питающим. При определённых условиях имеет преимущества сетевое напряжение 60-69 кВ (применяется в ряде стран Западной Европы и в США). Напряжение 35 кВ используют в питающих и распределительных сетях промышленных предприятий средней мощности, в небольших и средних городах и в сельских электрических сетях, а также для питания на крупных предприятиях мощных электроприёмников: электропечей, выпрямительных установок и т.п. Напряжение 20 кВ используется сравнительно редко для развития сетей, имеющих это напряжение. Оно может оказаться целесообразным в районах с небольшой плотностью электрических нагрузок.

Схемы систем электроснабжения строят исходя из принципа максимально возможного приближения источника электроэнергии высшего напряжения к электроустановкам потребителей. Для этих целей применяют т.н. глубокие вводы (35-220 кВ) кабельных и воздушных линий электропередачи. Понижающие подстанции размещаются в центрах расположения основных потребителей электроэнергии, т.е. в центрах электрических нагрузок. В результате такого размещения снижается потеря электроэнергии, сокращается расход материалов, уменьшается число промежуточных сетевых звеньев, улучшается режим работы электроприёмников.

Надёжность электроснабжения зависит от требований бесперебойности работы электроприёмников. Необходимая степень надёжности определяется тем возможным ущербом, который может быть нанесён производству при прекращении их питания.

Существуют 3 категории надёжности электроприёмников. К 1-й категории относят те, питание которых обеспечивают не менее, чем двух независимых автоматически резервируемых источника. Такие электроприёмники необходимы на объектах с повышенными требованиями к бесперебойности работы (например, непрерывное химическое производство). Наилучшие в этом случае схемы электроснабжения с территориально разобщёнными независимыми источниками. Допустимый перерыв в электроснабжении для некоторых производств не должен превышать 0,15-0,25 сек, поэтому важным условием является необходимое быстродействие восстановления питания. Для особо ответственных электроприёмников в схеме электроснабжения предусматривают дополнительный третий источник. Ко 2-й категории относятся электроприёмники, допускающие перерыв питания на время, необходимое для включения ручного резерва. Для приёмников 3-й категории допускается перерыв питания на время до 1 сут., необходимое на замену или ремонт повреждённого элемента системы.

Послетекстовые задания 课后练习

<u>Задание 10.</u> Ответьте на вопросы к тексту. 回答课文问题。

1. Для чего служит электроснабжение?
2. Что входит в систему электроснабжения?
3. Назовите основные источники питания электроэнергией.
4. Для кого сооружаются мощные ТЭЦ?
5. Что относят к электроприёмникам?
6. В каких случаях напряжение 20 кВ может оказаться целесообразным?
7. По какому принципу строят схемы систем электроснабжения?
8. Где размещаются понижающие подстанции?
9. От чего зависит надёжность электроснабжения?
10. Назовите 3 категории надёжности электроприёмников.

<u>Задание 11.</u> Вставьте пропущенные слова и словосочетания. Ориентируйтесь на содержание текста. 根据课文内容，在空白处填上单词和词组。

1. Электроснабжение служит для__________ всех отраслей хозяйства.
2. На промышленных предприятиях и в городах для комбинированного снабжения энергией и теплом используют__________ .
3. Для крупных энергоёмких предприятий сооружаются__________ , на которых устанавливают генераторы, вырабатывающие ток напряжением до 20 кВ.
4. Для разгрузки__________ в часы пик служат так называемые «потребители-регуляторы».
5. Распределение энергии между__________ при напряжении 220 кВ целесообразно тогда, когда это напряжение является также и питающим.
6. Схемы систем электроснабжения строят исходя из принципа максимально возможного приближения__________ высшего напряжения к электроустановкам потребителей.
7. __________ размещаются в центрах расположения основных потребителей электроэнергии, т.е. в центрах электрических нагрузок.
8. Надёжность электроснабжения зависит от требований __________ электроприёмников.

<u>Задание 12.</u> Используя информацию из текста, составьте предложения с данными вводными словами/сочетаниями. 使用课文信息，利用所给插入语造句。

1. Конечно, ____
____
2. Так или иначе, ____
____
3. К счастью, ____
____
4. Между нами говоря, ____
____
5. Говорят, ____
____
6. Во-первых, ____
во-вторых, ____
в-третьих, ____
7. Одним словом, ____
____
8. Заметьте, ____
____

<u>Задание 13.</u> Скажите, о чём идёт речь в тексте. Используйте структуры: «говорят о...»; «говорят о том, что...». 用«говорят о», «говорят о том, что»结构讲述课文内容。

<u>Задание 14.</u> Составьте план к тексту. 列出课文提纲。

<u>Задание 15.</u> Передайте краткое содержание текста согласно плану. 根据提纲，简述课文内容。

<u>Задание 16.</u> Прочитайте текст и выполните тестовое задание к нему. 阅读课文，完成相应测试题。

ЭЛЕКТРОСНАБЖЕНИЕ ЗДАНИЙ

Схема распределения электроэнергии в здании зависит от напряжения сети, уровня электрических нагрузок, надёжности электроснабжения, экономичности, простоты и удобства эксплуатации, а также конструктивных особенностей здания.

Схема электросети здания должна обеспечивать правильное функционирование как сети в целом, так и отдельных её звеньев в нормальном и аварийном режимах и, в частности, гарантировать соответствующий уровень напряжения на зажимах электроприёмников.

В России распространено наиболее экономичное напряжение сети 380/220В при глухом заземлении нейтралей питающих трансформаторов; в отдельных случаях в городах со старой застройкой ещё применяется напряжение 220/127В.

Главной причиной перехода на более высокое напряжение является непрерывный рост электрических нагрузок, вызывающий необходимость резкого увеличения пропускной способности электрических сетей.

Требования к схеме распределения электроэнергии в здании регламентируются ПУЭ, согласно которым все электроприёмники подразделяются в отношении обеспечения надёжности электроснабжения на три категории.

Применительно к жилым зданиям ***к первой категории*** относятся лифты; противопожарные устройства; аварийное освещение коридоров, вестибюлей, холлов и лестничных клеток жилых домов высотой выше 16 этажей; электроприёмники специального назначения; заградительные огни.

Ко второй категории электроснабжения относятся электроприёмники жилых зданий высотой 6-16 этажей включительно; здания высотой менее 6 этажей, оборудованные стационарными кухонными электроплитами; электроприёмники встроенных и пристроенных к жилым домам магазинов, предприятий общественного питания, детских учреждений и т.п.

К третьей категории электроснабжения относятся все прочие электроприёмники, не попадающие под определение приёмников первой и второй категорий. Это жилые дома высотой до пяти этажей включительно (за исключением домов, оборудованных стационарными электроплитами).

Требования к надёжности электроснабжения должны учитываться в первую очередь при построении схемы электрической сети. Решение схем, выбранных из условий надёжности, как правило, многовариантно. Поэтому важным критерием выбора той или иной схемы, является её экономичность как по приведенным затратам, так и по расходу цветного металла.

Удобство эксплуатации систем электроснабжения должно учитываться наравне с её экономичностью и проявляться в её простоте. Схему сети необходимо строить так, чтобы повреждённый участок сети или её отдельный элемент мог быть легко обнаружен и заменён и при минимальном отключении от сети потребителей.

Конструктивные особенности здания существенно влияют на построение схемы электрической сети. Наиболее распространена радиальная схема энергоснабжения потребителей, предусматривающая подводку к каждому жилому дому отдельной питающей линии от трансформаторной подстанции. Резервную перемычку подключают для питания жилых домов в случае выхода из строя любой из питающих линий и используют для выполнения профилактических работ на линиях без отключения питания жилых домов.

Тест

1. Схема электросети здания должна обеспечивать правильное функционирование сети…

   А. в целом и отдельных её звеньев;

   Б. в целом;

   В. отдельных её звеньев.

2. В России распространено наиболее экономичное напряжение сети…

   А. 100/127 В;

   Б. 220/127 В;

   В. 380/220 В.

3. Чем регламентируются требования к схеме распределения электроэнергии в здании?

   А. Основными законами электротехники;

   Б. Правилами устройства электроустановок;

   В. Правилами техники безопасности.

4. К какой категории электроснабжения относятся жилые здания высотой 6-16 этажей включительно?

   А. к первой категории;

   Б. ко второй категории;

   В. к третьей категории.

5. Важным критерием выбора той или иной схемы электрической сети является её…

   А. экономичность;

   Б. применимость;

   В. рентабельность.

ТЕМА 11. ЭЛЕКТРОБЕЗОПАСНОСТЬ

第十一课　用电安全

Ключевые понятия: защита человека, поражающие факторы, воздействие электрического тока, средства и способы защиты человека, защита человека от поражения электрическим током, применение индивидуальных электрозащитных средств, защитное заземление, выносное заземление, контурное заземление.

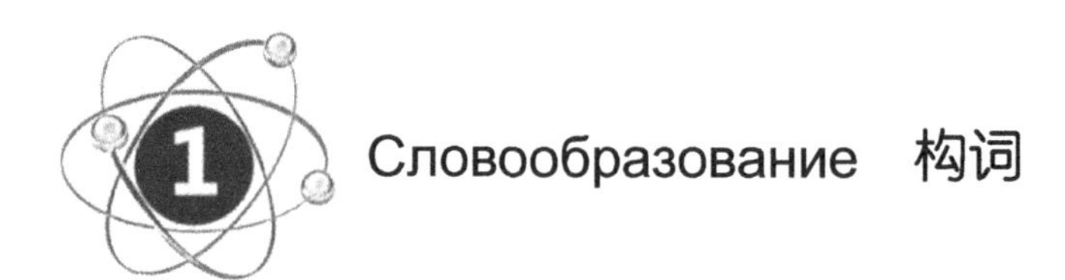

Приставка ди- (от др.-греч. δίς, **«дважды»**) – обычно в русском языке имеет значение «дважды», «двойной» (например, ***ди**граф*). Однако вошедшая в состав русских корней приставка может также иметь другие значения и этимологию:

- от др.-греч. δία, **«через»** (теряет последнюю гласную, если корень начинается с гласной), например, ***ди**электрик*.
- от лат. *dis-* в значении **«разделение»**, теряет последнюю согласную перед некоторыми другими согласными, например, ***ди**вергенция*.

<u>Задание 1.</u> Выделите приставки в нижеследующих словах. Определите значения приставок. Дайте определения словам (при необходимости, обратитесь к справочной литературе). 划出下列单词的前缀，确定前缀的意义，给出单词的定义（必要时，请查阅参考文献）。

Образец: *Диэлектрик – приставка **ди-** от греч. δία- через, сквозь.*
Диэлектрик – вещество, обладающие электрическим сопротивлением в пределах 10^{10} –10^{20} Ом в постоянном электрическом поле при нормальной температуре.

диализ –
диаметр –
диатермический –
диоптр –
дисульфид –
диамагнитный –
диапозитив –
дивергенция –
дискретность –

Грамматический комментарий　语法注解

Сложноподчинённые предложения (СПП) с придаточными изъяснительными состоят из двух или более предложений (частей), где придаточная часть служит для пояснения слова из главной части и отвечает на падежные вопросы *(кого? чего? кому? чему? кого? что? кем? чем? о ком? о чём?).*

В качестве поясняемых выступают слова разных частей речи, обозначающие мысли, чувства, восприятия человека, его речь:

- глаголы: сказать, ответить, говорить, сообщить, спросить, думать, знать, видеть, чувствовать, ощущать, гордиться и др.;
- прилагательные: рад, доволен, уверен, убеждён и др.;
- наречия и слова состояния: надо, жаль, нельзя, желательно, страшно, ясно, понятно, известно и др.;
- существительные: сообщение, вопрос, мысль, известие, забота, разговор, вера и др.

Придаточные изъяснительные присоединяются к главной части с помощью союзов (что, как, будто, как будто, будто бы, как бы, словно, чтобы, ли, пока) **и союзных слов** (что, кто, сколько, который, какой, как, где, зачем, когда, почему, куда, откуда)**.**

Задание 2. Прочитайте СПП с придаточными изъяснительными. Определите, с помощью каких союзов/союзных слов придаточные изъяснительные присоединяются к главному предложению. Задайте вопрос от главной части СПП к придаточной, определите часть речи поясняемых слов. 阅读带有说明从句的主从复合句，确定哪些连接词可以连接说明从句和主句。根据主句被说明成分对说明从属句进行提问，明确被说明词的词类。

1. Следует отметить, что никакое напряжение нельзя признать полностью безопасным, поэтому работать без средств защиты нельзя.
2. При работе следите за тем, чтобы шнур электропитания не касался горячих или острых предметов.
3. Выносное заземление характеризуется тем, что его заземлитель вынесен за пределы площадки, на которой установлено оборудование.
4. Важно помнить, что нельзя прикасаться к телу человека при освобождении от действия электрического тока.
5. Но при этом надо знать, почему опасно электричество, и какие правила надо соблюдать.
6. Кроме того, можно порекомендовать, чтобы разорвать электрическую цепь, надо подпрыгнуть вверх и в момент отрыва от грунта отбросить находящийся под

напряжением предмет.

7. Если не уверен, как правильно надо сделать то или иное при электротехнических работах, лучше не стесняться и не проявлять гордость, а просто спросить у знающего человека либо попросить у него помощи.
8. Все мы знаем, что с электричеством нужно обращаться осторожно.

<u>Задание 3.</u> Составьте СПП с придаточными изъяснительными с данными союзами/союзными словами. 使用以下词语构成说明从属句。

1. чтобы

____

____

2. почему

____

____

3. как

____

____

4. что

____

____

5. кто

____

____

6. сколько

____

____

7. куда

____

____

8. откуда

____

____

Модели научного стиля речи 科技语体句型

Что (1)* – (это) *что (1)

Электротравма – результат воздействия на человека электрического тока и электрической дуги.

К кому/чему (3)* относится *кто/что (1)

К электротравмам относятся электрические ожоги, электрические знаки, металлизация кожи, механические повреждения, электроофтальмия, электрический удар.

Что (1)* делится *на что (4)

Удары делятся на четыре степени: судорожное сокращение мышц без потери сознания, судорожное сокращение мышц с потерей сознания, потеря сознания с нарушением дыхания или сердечной деятельности, состояние клинической смерти в результате фибрилляции сердца или асфиксии.

При каких условиях (6)* возникает *что (1)

Но при случайном замыкании клемм аккумулятора возникает мощная дуга, способная сильно обжечь кожу или сетчатку глаз.

Где (6), когда (6)* следует применять *что (4)

Везде, где это возможно, кроме случаев, специально оговоренных в правилах, следует применять электроустановки с рабочим напряжением, не превышающим приведённых значений, без дополнительных средств защиты.

При каких условиях (6)* возрастает *что (1)

Однако при повышении мощности электроустановок с низким рабочим напряжёнием возрастают потребляемые ими токи.

Кто/что (1)* должен/должно быть *каким (5)

Электрическое сопротивление такого соединения должно быть минимальным.

Что (1)* характеризуется *чем (5)

Выносное заземление характеризуется тем, что его заземлитель вынесен за пределы площадки, на которой установлено оборудование.

Что (1)* состоит *из чего (2)

Контурное заземление состоит из нескольких соединённых заземлителей, размещённых по контуру площадки с защищаемым оборудованием.

Что (4)* применяют *где (6)

Такой тип заземления применяют в установках выше 1000 В.

Задание 4. А: Выпишите из предложений выделенные слова. Поставьте к ним вопросы. 写出划线词语，并对划线词语提问。 Б: Составьте конструкции (см. «Речевые модели»). 参照例子写出句型结构。

Образец: *Поражённый участок (1) кожи имеет шероховатую поверхность (4). –*

А: (Что?) участок имеет *(что?)* поверхность. –

Б: Что имеет *что.*

1. Каждый **молниеотвод** **состоит** **из** следующих основных **элементов**:

молниеприёмника, несущей конструкции, токоотвода и заземлителя.

А: ____

Б: ____

2. **При работах** на высоте более 5 м **следует применять** **леса и подмости**.

 А: ____

 Б: ____

3. **Заземление** – это преднамеренное электрическое **соединение** **какой-либо** точки системы электроустановки или оборудования с заземляющим устройством.

 А: ____

 Б: ____

4. **Электробезопасность** **характеризуется** **состоянием** электроустановки, взаимодействующей с человеком, при котором отсутствует опасное воздействие электрического тока.

 А: ____

 Б: ____

5. **Они** **делятся** **на** основные и дополнительные **средства** защиты.

 А: ____

 Б: ____

6. Электрическое **сопротивление** такого соединения **должно быть** **минимальным**.

 А: ____

 Б: ____

7. **К** индивидуальным **средствам** **относятся** защитные **халаты, комбинезоны, очки**.

 А: ____

 Б: ____

8. Для дополнительной защиты от прямого прикосновения **в электроустановках** напряжением до 1 кВ **следует применять** **устройства** защитного отключения.

 А: ____

 Б: ____

Задание 5. Вместо пропусков употребите подходящие по смыслу слова, данные ниже. 从下面的词中找出合适动词填在空白处。

1. Защитное заземление __________ в трёхфазных сетях с изолированной нейтралью.
2. Опасная зона __________ пространственная область, в которой постоянно или периодически действует опасный фактор.
3. Очевидно, что при влажных и мокрых основаниях обуви значительно __________ электробезопасность.
4. К оперативно-ремонтному персоналу __________ специалисты, прошедшие курс специального обучения по обслуживанию закреплённого за ними электрооборудования.

5. Электробезопасность __________ состоянием электроустановки, взаимодействующей с человеком, при котором отсутствует опасное воздействие электрического тока.
6. __________, что безопасная эксплуатация электропроводки возможна только в случае её технической исправности.
7. При соприкосновении с элементами оборудования, устройств, приборов, находящихся закономерно или случайно под напряжением, для человека __________ опасная ситуация.
8. Расстояние между токовым и потенциальным проводом __________ не менее 1 м.

Слова для справок: *характеризуется, возникает, применяют, это, должно быть, относятся, следует отметить, возрастает.*

Предтекстовые задания　课前练习

<u>Задание 6.</u> Прочитайте и запомните следующие слова и словосочетания. 朗读并记住下列单词和词组。

электробезопасность　用电安全、防电性
мероприятие　措施、办法
защита от *кого/чего*　避免……的侵害
поражающий фактор　杀伤因素
электротравма　触电
воздействие на *кого/что*　对……有影响
электрическая дуга　电弧
ожог　烧伤、烫伤
механическое повреждение　机械损伤
электроофтальмия　电光性眼炎
электрический шок　触电
последствие　后果、影响
степень　比、程度、率
судорожное сокращение мышц　减少肌肉痉挛
потеря сознания　失去知觉
нарушение: нарушение дыхания, нарушение сердечной деятельности
破坏、干扰：心脏、呼吸障碍
поражение электрическим током　电击事故
электроустановка　电气设备
выравнивание потенциалов: заземление, зануление

拉平接地；接零能力
изоляция 隔音、隔热、隔离
токоведущая часть 通电部分
УЗО – устройства защитного отключения 防止误差设备
электрозащитные средства: коллективные электрозащитные средства, индивидуальные электрозащитные средства
电气保护设备：集体、个人保护设备
безопасный 安全的
средства защиты 保护措施
замыкание 接通、封闭、短路
обжечь: обжечь кожу, обжечь сетчатку глаз 烧：烧坏、烧焦，视网膜灼伤
временное освещение 照明时间
протекать/ протечь *через* 流经/渗入
защитные очки 保护眼镜
ток: переменный ток, постоянный ток 电流：交流电流，直流电流
сечение проводника 导体截面
потеря энергии 能量损耗
(электрический) пробой （电）击穿
замыкание 接通、封闭、短路
заземление: выносное заземление, контурное заземление
接地线：集中接地、环状接地
заземлитель 接地装置
контакт, контактировать 接触，联系

Задание 7. Прочитайте следующие словосочетания. Обращайте внимание на ударение. 朗读下列词组，注意重音。

А. Система мероприятий, защита человека, действия поражающих факторов, результат воздействия, воздействие на человека, воздействие электрического тока, воздействие электрической дуги, электрические ожоги, металлизация кожи, механические повреждения, электрический удар, электрический шок, судорожное сокращение мышц, потеря сознания, нарушение дыхания, нарушение сердечной деятельности, состояние клинической смерти.

Б. Средства и способы защиты человека, защита человека от поражения электрическим током, уменьшение номинального напряжения, выравнивание потенциалов, электрическое разделение цепей, увеличение сопротивления изоляции, средства защиты, применение индивидуальных электрозащитных средств, замыкание клемм аккумулятора, мощная дуга, обжечь кожу, обжечь сетчатку глаз, механические травмы, неудачно упасть.

В. Временное освещение, падение с высоты, вызвать поражения, использование (применение) средств защиты, защитные очки, токоведущие части, снятие напряжения, постоянный ток, непродолжительное воздействие, повышении мощности электроустановок, опасно для жизни человека, защитное заземление, электрическое сопротивление, обслуживающий персонал, выносное заземление, контурное заземление.

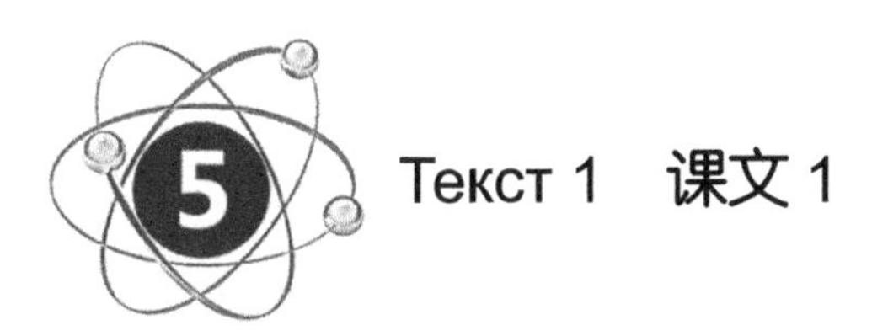

Текст 1　课文 1

<u>Задание 8.</u> Прочитайте и переведите текст. **阅读并翻译课文。**

ЭЛЕКТРОБЕЗОПАСНОСТЬ В ЭЛЕКТРОЭНЕРГЕТИКЕ И ЭЛЕКТРОТЕХНИКЕ

Под *электробезопасностью* понимается система организационных и технических мероприятий по защите человека от действия поражающих факторов электрического тока.

Электротравма – результат воздействия на человека электрического тока и электрической дуги.

К электротравмам относятся:

- электрические ожоги (токовые, контактные дуговые, а также комбинированные);
- электрические знаки («метки»), металлизация кожи;
- механические повреждения;
- электроофтальмия;
- электрический удар (электрический шок).

В зависимости от последствий электрические удары делятся на четыре степени:

- судорожное сокращение мышц без потери сознания;
- судорожное сокращение мышц с потерей сознания;
- потеря сознания с нарушением дыхания или сердечной деятельности;
- состояние клинической смерти в результате фибрилляции сердца или асфиксии (удушья).

Основные средства и способы защиты человека от поражения электрическим током:

- уменьшение номинального напряжения в электроустановках;
- выравнивание потенциалов (заземление, зануление);
- электрическое разделение цепей высоких и низких напряжений;
- увеличение сопротивления изоляции токоведущих частей;
- применение УЗО, и коллективных, и индивидуальных электрозащитных средств.

Следует отметить, что никакое напряжение нельзя признать полностью безопасным, поэтому работать без средств защиты нельзя. Так, например, автомобильный аккумулятор имеет напряжение 12-15 Вольт и не вызывает поражения электрическим током при прикосновении (ток через тело человека меньше порогового ощутимого тока). Но при случайном замыкании клемм аккумулятора возникает мощная дуга, способная сильно обжечь кожу или сетчатку глаз; также возможны механические травмы (человек инстинктивно отшатывается от дуги и может неудачно упасть). Точно также человек инстинктивно отшатывается при прикосновении к сети временного освещения (36 Вольт, ток уже ощущается), что грозит падением с высоты, даже если ток, протекающий через тело невелик, и не мог бы вызвать поражения сам по себе.

Таким образом, сколь угодно низкое напряжение не отменяет использования средств защиты, а лишь изменяет их номенклатуру (вид), например, при работе с аккумулятором следует пользоваться защитными очками. Производить работы на токоведущих частях без применения средств защиты можно только при полном снятии напряжения!

Безопасность в электроустановках

Напряжение до 42 В переменного и 110 В постоянного тока не вызывает поражающих факторов при относительно непродолжительном воздействии. Поэтому везде, где это возможно, кроме случаев, специально оговоренных в правилах, следует применять электроустановки с рабочим напряжением, не превышающим приведенных значений, без дополнительных средств защиты.

Однако при повышении мощности электроустановок с низким рабочим напряжением возрастают потребляемые ими токи, а следовательно, увеличиваются сечение проводников, габариты, потери энергии и стоимость электроустановок. Самыми экономичными считаются электроустановки с напряжением 220-380 В. Такие напряжения опасны для жизни человека, что вызывает необходимость применения дополнительных защитных средств (защитные заземление и зануление).

Защитное заземление – преднамеренное соединение металлических нетоковедущих частей электроустановки с землёй. Электрическое сопротивление такого соединения должно быть минимальным (не более 4 Ом для сетей с напряжением до 1000 В и не более 10 Ом для остальных). При этом корпус электроустановки и обслуживающий её персонал будут находиться под равными, близкими к нулю, потенциалами даже при пробое изоляции и замыкании фаз на корпус. Различают два типа заземлений: выносное и контурное.

Выносное заземление характеризуется тем, что его заземлитель (элемент заземляющего устройства, непосредственно контактирующий с землёй) вынесен за пределы площадки, на которой установлено оборудование. Таким способом пользуются для заземления оборудования механических и сборочных цехов.

Контурное заземление состоит из нескольких соединённых заземлителей, размещённых по контуру площадки с защищаемым оборудованием. Такой тип заземления применяют в установках выше 1000 В.

Послетекстовые задания 课后练习

Задание 9. Дайте определение следующим понятиям. 解释下列概念。

1. Электробезопасность.
2. Электротравма.
3. Защитное заземление.

Задание 10. Ответьте на вопросы к тексту. 回答课文问题。

1. Что понимают под электробезопасностью?
2. Что является результатом воздействия на человека электрического тока и электрической дуги?
3. Перечислите виды электротравм.
4. Назовите четыре степени, на которые делятся электрические удары.
5. Что относят к основным средствам и способам защиты человека от поражения электрическим током?
6. Какое напряжение можно признать полностью безопасным?
7. Когда можно производить работы на токоведущих частях без применения средств защиты?
8. Какое напряжение опасно для жизни человека?
9. Что называют преднамеренным соединением металлических нетоковедущих частей электроустановки с землёй?
10. На какие два типа делятся заземления?

Задание 11. Вставьте пропущенные слова и словосочетания. Ориентируйтесь на содержание текста. 根据课文内容，在空白处填上单词和词组。

1. Под __________ понимается система организационных и технических мероприятий по защите человека от действия поражающих факторов электрического тока.
2. Электротравма – результат __________ электрического тока и электрической дуги.
3. Следует отметить, что никакое напряжение нельзя признать полностью безопасным,

поэтому работать без __________ нельзя.

4. При случайном замыкании клемм аккумулятора возникает __________ , способная сильно обжечь кожу или сетчатку глаз.
5. Сколь угодно низкое напряжение не отменяет использования__________, а лишь изменяет их вид.
6. Производить работы на токоведущих частях без применения средств защиты можно только при полном __________!
7. Самыми экономичными считаются__________ с напряжением 220-380В.
8. Защитное заземление – преднамеренное соединение металлических __________ электроустановки с землёй.

Задание 12. Используя информацию из текста, продолжите СПП с придаточными изъяснительными. 使用课文信息，完成说明从属句。

1. Надо, чтобы ____

____
2. Жаль, что ____

____
3. Нельзя, чтобы ____

____
4. Желательно, чтобы ____

____
5. Страшно, что ____

____
6. Ясно, что ____

____
7. Понятно, что ____

____
8. Известно, что ____

____

Задание 13. Скажите, о чём идёт речь в тексте. Используйте структуру «известно о…»; «известно о том, что…». 用«известно о», «известно о том, что»结构讲述课文内容。

Задание 14. Составьте план к тексту. 列出课文提纲。

Задание 15. **Передайте краткое содержание текста согласно плану. 根据提纲，简述课文内容。**

Текст 2　课文 2

Задание 16. **Прочитайте текст и выполните тестовое задание к нему. 阅读课文，完成相应测试题。**

ПУТЬ «ПЕТЛЯ» ТОКА ЧЕРЕЗ ТЕЛО ЧЕЛОВЕКА

При расследовании несчастных случаев, связанных с воздействием электрического тока, прежде всего выясняется, по какому пути протекал ток. Человек может коснуться токоведущих частей (или металлических нетоковедущих частей, которые могут оказаться под напряжением) самыми различными частями тела. Отсюда – многообразие возможных *путей тока*. Наиболее вероятными признаны следующие:

- «рука – рука» (40%);
- «правая рука – ноги» (20% случаев поражения);
- «левая рука – левая нога» (17%);
- «обе руки – ноги» (12%);
- «нога – нога» (6%);
- «голова – ноги» (5%).

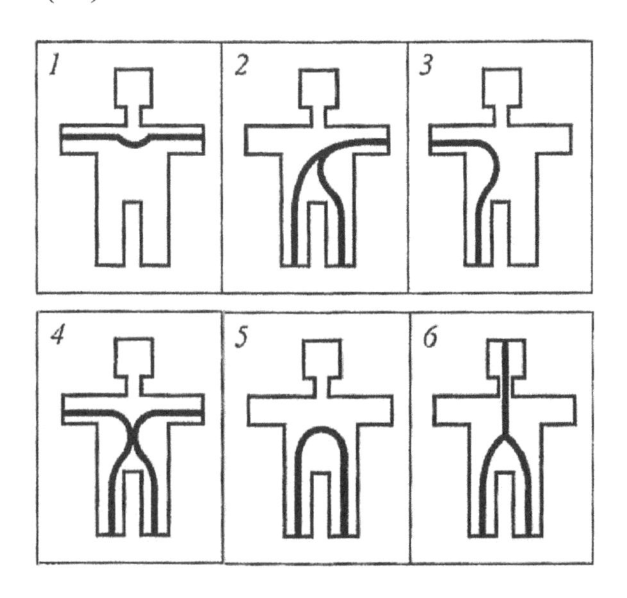

Все петли, кроме последней, называются «большими», или «полными» петлями: ток захватывает область сердца; и они наиболее опасны. В этих случаях через сердце протекает 8-12 процентов от полного значения тока. Петля «нога – нога» называется «малой», через сердце протекает всего 0,4 процента от полного тока. Эта петля возникает, когда человек оказывается в зоне растекания тока, попадая под шаговое напряжение.

Шаговым называется напряжение между двумя точками земли, обусловленное растеканием тока в земле, при одновременном касании их ногами человека. При этом чем шире шаг, тем больший ток протекает через ноги.

Такой путь тока не несёт прямой опасности жизни, однако под его действием человек может упасть и путь протекания тока станет опасным для жизни.

Для защиты от шагового напряжения служат дополнительные средства защиты – диэлектрические боты, диэлектрические коврики. В случае, когда использование этих средств не представляется возможным, следует покидать зону растекания так, чтобы расстояние между стоящими на земле ногами было минимальным – короткими шажками. Безопасно также передвижение по сухой доске и прочим сухим, не проводящим ток предметам.

Тест

1. Существует многообразие возможных путей тока:

   А. человек не может коснуться токоведущих частей различными частями тела;

   Б. человек может коснуться токоведущих частей различными частями тела;

   В. человек может коснуться токоведущих частей только одной частью тела.

2. Количество людей, которые касаются токоведущих частей путём «голова – ноги» составляет…

   А. 40%;

   Б. 12%;

   В. 5%.

3. Петля тока «обе руки – ноги» называется…

   А. большой;

   Б. средней;

   В. малой.

4. Петля тока называется «большой» или «полной», если ток захватывает область…

   А. головы;

   Б. сердца;

   В. ног.

5. Покидать зону растекания электрического тока следует…

   А. прыжками;

   Б. длинными шагами;

   В. короткими шажками.

ТЕМА 12. АВТОМАТИКА ЭНЕРГОСИСТЕМ

第十二课　电网自动化

Ключевые понятия: автоматика энергосистем, управление режимами энергосистемы, устройства технологической автоматики, устройства системной автоматики, управление локальными процессами, системная автоматика, автоматика управления в нормальных режимах, автоматика управления в аварийных режимах, устройства релейной защиты, сетевая автоматика, противоаварийная автоматика, устройства автоматического управления, устройства автоматического регулирования.

Словообразование　构词

Две буквы -НН- в суффиксах употребляется при образовании:

1. прилагательных, которые произошли от имён существительных с помощью постановки суффиксов ***-онн-*** или ***-енн-***, *например: клюкве**нн**ый (клюква), дискусси**онн**ый (дискуссия), торжестве**нн**ый (торжество) и др.* (***исключение:*** в слове ***ветреный*** и в производных от него пишется **одно *Н***, но в приставочных образованиях пишется ***-НН-*** *(**безветренный, подветренный**);*
2. прилагательных, которые произошли от имён существительных, имеющих основу на ***«н»***, то есть если первая буква ***«н»*** является конечной буквой корня или же суффикса, а вторая представляет собой суффикс прилагательного *(например: исти**нн**ый (исти**н**а), дли**нн**ый (дли**н**а), це**нн**ый (це**н**а), стари**нн**ый (стари**н**а) и др.);*
3. прилагательных, которые произошли от имён существительных, оканчивающихся на ***-МЯ*** *(например: име**нн**ой (имя), пламе**нн**ый (пламя), семе**нн**ой (семя) и др.)*

<u>**Задание 1.**</u> **Определите, от какого существительного и с помощью какого суффикса было образовано данное прилагательное. Выделите суффиксы в нижеследующих прилагательных.**请确认下列形容词是由哪个名词和后缀组成的，划出下列形容词的后缀。

Образец: *длинный – длина*

временный –　　　　　　　　промышленный –

информационный –　　　　　　свойственный –

искусственный –
коммутационный –
навигационный –
операционный –
существенный –
традиционный –
эксплуатационный –
электронный –

Грамматический комментарий 1 语法注解 1

Сложноподчинённые предложения (СПП) с придаточными определительными состоят из двух или более предложений (частей), где придаточная (определительная) часть характеризует предмет или явление, названное в главной части. Определительная часть относится к одному (определяемому) слову из главного предложения (это может быть имя существительное или местоимение) и отвечает на вопросы: *какой? который? чей?*

Придаточные определительные присоединяются к главному предложению с помощью союзных слов: ***какой, который, чей, где, куда, откуда, когда*** и подчинительных союзов: ***что, чтобы, будто, точно, как***. Кроме того, в придаточных определительных союзные слова *где, куда, откуда, когда* можно заменить союзным словом ***который***. При этом в главном предложении часто встречаются указательные слова: ***тот (та, то, те), такой, всякий, каждый, любой*** и др.

Союзное слово ***который*** может находиться не только в начале, но и в середине придаточной части.

Придаточная определительная часть в предложении всегда стоит только после определяемого слова.

Задание 2. Прочитайте СПП с придаточными определительными. Определите, с помощью каких союзных слов/подчинительных союзов придаточные определительные присоединяются к главному предложению. От выделенных слов в главных предложениях поставьте вопросы к придаточным. 朗读带有限定从句的主从复合句。确定哪些连接词可以连接限定从句和主句。根据主句中划线的词对限定从属句进行提问。

1. При отсутствии в данном узле ***потребителя***, который может быть отключён, допускается применение отключения менее ответственных потребителей в смежных узлах, если оно эффективно.
2. Возмущения, возникающие в энергосистемах и сопровождающиеся переходными процессами, приводят к ***изменению*** баланса генерируемой и потребляемой мощности в отдельных районах, что может вызвать нарушение устойчивости по межсистемным и внутрисистемным ЛЭП.
3. Оценка экономической эффективности затрат на создание и эксплуатацию ПА при

сопоставлении вариантов её выполнения должна производиться на основании приведенных ***затрат***, которые рассчитываются с учётом средних годовых издержек, обусловленных как правильной, так и неправильной работой ПА.

4. Автоматика устанавливается на тех ***связях***, где в результате аварийного дефицита мощности в приёмной части системы имеет место быстрое нарастание угла в процессе нарушения устойчивости.
5. В тех ***случаях***, когда АПВ успешно включает линию под нагрузку, противоаварийная автоматика, воздействуя на регулирование энергоблоков, вновь увеличивает их мощность до предаварийного значения.
6. Эти регуляторы изменяют впуск энергоносителя в турбину таким ***образом***, чтобы давление пара перед турбиной сохранялось постоянным.
7. При АПНУ за счёт ДС изменяется ***соотношение*** мощностей приёмной и передающей частей энергосистемы, которое должно уменьшать влияние возмущения и увеличивать эффективность таких ***УВ***, как отключение генераторов, разгрузка турбин и отключение нагрузки.
8. Чтобы иметь более ясное ***представление*** о том, как работает солнечная энергосистема, какие режимы заряда и разряда необходимы для обеспечения энергией вдали от сетей централизованного электроснабжения, необходимо изучить разделы по солнечным батареям и по контролёрам заряда.

Задание 3. Вместо пропусков употребите подходящие по смыслу союзные слова: который (в нужной форме), чей (в нужной форме), где, куда, когда или подчинительные союзы: что, чтобы, как. 从连接词 который, где, чей, куда, когда, что, чтобы, как 中找出合适的连接词填在空白处。

1. Автоматическая разгрузка дальних ЛЭП и межсистемных линий связи предусматривается для тех случаев, __________ при возможных утяжелениях нормального режима работы может быть превышен предел передаваемой мощности, допустимый по условию статической устойчивости.
2. В узлах энергосистемы, __________ нет ТЭС, устройства АОПЧ применяются для ограничения повышения частоты значением 60 Гц для обеспечения нормальной работы электродвигателей.
3. Эффект от применения ЭТ, __________ показано в примере 5.2, достигается за счёт частичного уменьшения площадки ускорения и увеличения площадки торможения.
4. Материал книги изложен в достаточно полном объёме, __________ позволяет использовать его при изучении соответствующих курсов студентами средних и высших технических учебных заведений, обучающихся по инженерно-техническим специальностям.
5. Учебник предназначен для студентов очного и заочного отделений энергетических специальностей, а также может быть полезен слушателям центров переподготовки

инженеров-электриков и инженерам, деятельность__________ связана с оперативным управлением режимами энергосистем и электрических сетей.

6. За выполнение, своевременные изменения и эффективное действие всех видов автоматической разгрузки при аварийных снижениях частоты в энергосистеме в целом, в любых её частях, в ОЭС или её частях, __________ входит данная энергосистема, и в ЕЭС России в целом ответственность несёт каждое АО-энерго.
7. При необходимости обеспечения результирующей устойчивости предусматривается автоматика, __________ при возникновении асинхронного хода разгружает генераторы в передающей энергосистеме или отключает часть нагрузки в приёмной.
8. Кроме того, устройства АОСЧ должны быть размещены и настроены таким образом, __________ они по возможности способствовали устойчивости параллельной работы энергосистемы.

2 Грамматический комментарий 2 语法注解 2

Союзное слово **КОТОРЫЙ** может употребляться с различными предлогами: ***в*** *котором,* ***при*** *котором,* ***с*** *которым* и т.д.

<u>Задание 4.</u> Вместо пропусков употребите подходящие по смыслу предлоги, данные ниже. 从下面的词中找出合适前置词填在空白处。

1. Разомкнутая АСУ – система, __________ которой не осуществляется контроль управляемой величины, т.е. входными воздействиями её управляющего устройства являются только внешние (задающее и возмущающее) воздействия.
2. Необходимо выявлять такие повреждения и разгружать электростанцию по активной мощности с такой скоростью и на такую глубину, __________ которых обеспечивается сохранение устойчивости с нормативным запасом.
3. Если энергосистемы, __________ которых проектируется межсистемная электропередача, ещё не связаны между собой, то нерегулярные колебания мощности могут быть оценены по колебаниям частоты или по ориентировочным данным.
4. Наряду с регулированием частоты системы АРЧМ осуществляют регулирование мощности, обычно предусматриваемое на ЛЭП, связывающих ОЭС или энергосистемы разных стран, __________ которыми существуют договорные отношения, определяющие финансовые обязательства каждой стороны.
5. В качестве каналов первого вида могут использоваться обычные каналы, __________ которым передаётся информация от устройств телемеханики, поскольку имеется

время на восстановление утерянной и достоверизацию параметрической информации.

6. Отключение части генераторов является одним из основных способов обеспечения устойчивости передающих станций, __________ которых в результате аварии происходит сброс нагрузки.
7. Для электростанций с ЧДА следует осуществлять постоянный мониторинг состояния оборудования, __________ которое действует автоматика и система регулирования электростанций.
8. Конструктивные части системы, __________ которые передаются энергетические воздействия, этим свойством, как правило, не обладают.

Слова для справок: *на, для, в, между, через, у, при, по.*

3 Модели научного стиля речи 科技语体句型

Кто/что (1)* обеспечивает кого/*что (4)

Автоматизация энергосистем обеспечивает нормальное функционирование элементов энергосистемы, надёжную и экономичную работу энергосистемы в целом, требуемое качество электроэнергии.

Что (1)* состоит *в чём (6)

Основная особенность энергетики состоит в том, что в каждый момент времени выработка мощности должна строго соответствовать её потреблению.

Что (1)* может отразиться *на чём (6)

Нарушение нормального режима работы одного из элементов может отразиться на работе многих элементов энергосистемы и привести к нарушению всего производственного процесса.

Что (1)* определило *что (4)

Эти особенности энергетики определили необходимость широкой автоматизации энергосистем.

Что (4)* можно разделить *на что (4)

Все устройства автоматики можно разделить на две большие группы: устройства технологической и системной автоматики.

Кто/что (1)* осуществляет *что (4)

Системная автоматика осуществляет функции управления, оказывающие существенное влияние на режим работы всей энергосистемы или её значительной части.

С помощью чего (2)* осуществляется *что (1)

С помощью противоаварийной автоматики осуществляются разгрузка ЛЭП для предотвращения нарушения устойчивости параллельной работы, прекращение асинхронного режима делением энергосистем и др.

Что (1)* разделяется *на что (4)

По функциональному назначению системная автоматика разделяется на автоматику управления в нормальных режимах и автоматику управления в аварийных режимах.

К чему (3)* относится *что (1)

К автоматике управления в нормальных режимах относятся устройства автоматического регулирования частоты и активной мощности и др.

С помощью чего (2)* обеспечивается *что (1)

С помощью устройств автоматики управления в нормальных режимах обеспечиваются установленное качество электроэнергии по частоте и напряжению, повышение экономичности работы и запаса устойчивости параллельной работы.

Задание 5. Выпишите из предложений выделенные слова. Поставьте к ним вопросы. 写出划线词语，并对划线词语提问。 Составьте конструкции (см. «Речевые модели»). 参照例子写出句型结构。

Образец: Подсистема (1) АПНУ осуществляет различные управляющие воздействия (4). –

А: *(Что?)* Подсистема осуществляет *(что?)* воздействия. –

Б: *Что* осуществляет *что.*

1. **Отключение** части генераторов **является** основным **способом** обеспечения устойчивости передающих станций.

   А: ______________________________

   Б: ______________________________

2. **Автоматика** для энергосистем **разделяется на две группы**: технологическую и системную.

   А: ______________________________

   Б: ______________________________

3. **К ним относятся устройства** для запуска и загрузки резервных агрегатов ГЭС при понижении частоты.

   А: ______________________________

   Б: ______________________________

4. **С помощью** противоаварийной **автоматики обеспечивается** тот или иной **уровень** синхронной динамической устойчивости.

   А: ______________________________

   Б: ______________________________

5. При наличии промежуточных нагрузок асинхронный **ход может** неблагоприятно

отразиться на работе потребителей, питающихся от подстанций, расположенных вблизи центра качаний.

А: ____________________

Б: ____________________

6. **Координация** управления **состоит в том**, что заданный небаланс управляющих воздействий изменяется в зависимости от режима межсистемных связей в ряде частей ЕЭС.

   А: ____________________

   Б: ____________________

7. Противоаварийная **автоматика осуществляет выявление** аварийной ситуации.

   А: ____________________

   Б: ____________________

8. Руководящие **указания** по противоаварийной автоматике энергосистем содержат общую характеристику разных видов противоаварийной автоматики (ПА), **определяют** их **назначение**, **условия** применения и **функции**.

   А: ____________________

   Б: ____________________

Задание 6. Вместо пропусков употребите подходящие по смыслу глаголы, данные ниже. 从下面的词中找出合适的动词填在空白处。

1. Разомкнутые АСУ __________ на два типа.
2. Автоматика, в свою очередь, __________ одним из разделов технической кибернетики.
3. С помощью станционного устройства __________ распределение разгрузки по агрегатам с учётом их регулировочного диапазона.
4. Цель сбалансированного действия __________ в том, чтобы восстановить близкий к первоначальному баланс мощности в энергообъединении.
5. К третьей группе __________ разнообразные устройства противоаварийной автоматики.
6. Автоматизация энергосистем __________ нормальное функционирование элементов энергосистемы, надёжную и экономичную работу энергосистемы в целом.
7. Противоаварийная автоматика __________: выявление аварийной ситуации, определение вида и значения управляющих воздействий (УВ), исполнение УВ.
8. Нормальная работа энергосистем, предотвращение развития аварийных ситуаций, эффективность и правильное функционирование различных устройств автоматики __________ надёжность работы энергосистем.

Слова для справок: *осуществляет, относятся, можно разделить, состоит, является, обеспечивает, определяют, осуществляют.*

Предтекстовые задания 课前练习

<u>Задание 7.</u> Прочитайте и запомните следующие слова и словосочетания. 朗读并记住下列单词和词组。

автоматизация энергосистем	电力系统自动化
внедрение	引进、推广
устройство	装置、设备、结构
автоматическое управление	自动控制
режим	制度
процесс производства – производственный процесс	生产过程
электроэнергия: передача электроэнергии, распределение электроэнергии	电力：输电、配电
условия: нормальные условия, аварийные условия	条件：正常情况下、应急情况
функционирование элементов	功能元件
отрасль промышленности	工业部门
выработка мощности	功率输出
потребление: потребление мощности	功率消耗
нарушение	破坏
электрический процесс	输电过程
оперативный персонал	业务员
автоматика: технологическая автоматика, системная автоматика	自动化：技术自动化、系统自动化
локальный	局部的，地方性的
энергообъект	动力项目
поддержание	支持、保持、拥护
регулирование: регулирование частоты, регулирование мощности	调节：频率调节、功率调节
параметры	参数，变数，数据
функциональное назначение	功能
автоматический	自动的
релейная защита	继电保护
сетевая автоматика	自动化网络
форсировка	强化
синхронная машина	同步电机

противоаварийная автоматика	防事故自动装置
разгрузка	卸载
устойчивость	稳定性
параллельный	平行的、同向的
прекращение	停止、中断
асинхронный режим	异步模式
деление	分开、划分
отключение	断开、切断
низкий: низкая частота, низкое напряжение	低：低频率，低电压
ликвидация	撤销、清理
кратковременный	短期的
повышение: повышение частоты, повышение напряжения	提高，升高：提高频率，升高电压
независимо от *кого/чего*	不管，不论，不以……为转移

Задание 8. Прочитайте следующие словосочетания. Обращайте внимание на ударение. 朗读下列词组，注意重音。

А. Автоматика энергосистем, автоматизация энергосистем, внедрение устройств, внедрение систем, автоматическое управление, управление схемой энергосистемы, управление режимами энергосистемы, в нормальных условиях, в аварийных условиях, обеспечивать нормальное функционирование, функционирование элементов энергосистемы, надёжная работа энергосистемы, экономичная работа энергосистемы, качество электроэнергии, особенность энергетики, выработка мощности.

Б. Строго соответствовать потреблению, увеличение потребления мощности, уменьшение потребления мощности, нарушение нормального режима работы, привести к нарушению, производственный процесс, важная особенность, электрические процессы, оперативный персонал, протекание процесса, предотвратить развитие, особенности энергетики, устройства технологической автоматики, устройства системной автоматики, технологическая автоматика, управление локальными процессами, существенное влияние, системная автоматика, автоматика управления в нормальных режимах.

В. Автоматика управления в аварийных режимах, устройства автоматического регулирования, автоматическое регулирование напряжения, повышение экономичности работы, устройства релейной защиты, сетевая автоматика, противоаварийная автоматика, разгрузка ЛЭП, предотвращение нарушения работы, асинхронный режим, предотвращение аварии, ликвидация кратковременных повышений частоты, ликвидация кратковременных повышений напряжения, устройства автоматического управления, устройства автоматического регулирования.

Текст 1 课文 1

<u>Задание 9.</u> **Прочитайте и переведите текст.** 阅读并翻译课文。

АВТОМАТИКА ЭНЕРГОСИСТЕМ

Под ***автоматизацией энергосистем*** понимается внедрение устройств и систем, осуществляющих автоматическое управление схемой и режимами (процессами производства, передачи и распределения электроэнергии) энергосистем в нормальных и аварийных условиях. Автоматизация энергосистем обеспечивает нормальное функционирование элементов энергосистемы, надёжную и экономичную работу энергосистемы в целом, требуемое качество электроэнергии.

Основная особенность энергетики, отличающая её от других отраслей промышленности, состоит в том, что в каждый момент времени выработка мощности должна строго соответствовать её потреблению. Поэтому при увеличении или уменьшении потребления мощности должна немедленно увеличиваться или уменьшаться её выработка на электростанциях. Нарушение нормального режима работы одного из элементов может отразиться на работе многих элементов энергосистемы и привести к нарушению всего производственного процесса.

Другая, не менее важная особенность состоит в том, что электрические процессы при нарушении нормального режима протекают так быстро, что оперативный персонал электростанций и подстанций не успевает вмешаться в протекание процесса и предотвратить его развитие. Эти особенности энергетики определили необходимость широкой автоматизации энергосистем.

Все устройства автоматики можно разделить на две большие группы: устройства технологической и системной автоматики. Технологическая автоматика является местной автоматикой, которая выполняет функции управления локальными процессами на энергообъекте и поддержания на заданном уровне или регулирования по определённому закону местных параметров, не оказывая существенного влияния на режим энергосистемы в целом.

Системная автоматика осуществляет ***функции*** управления, которые оказывают существенное влияние на режим работы всей энергосистемы или её значительной части. По функциональному назначению системная автоматика разделяется на автоматику управления в нормальных режимах и автоматику управления в аварийных режимах.

К *автоматике управления в нормальных режимах* относятся устройства автоматического регулирования частоты и активной мощности (АРЧМ), автоматического регулирования напряжения на шинах электростанций и подстанций и др. С помощью устройств автоматики управления в нормальных режимах обеспечиваются:

- установленное качество электроэнергии по частоте и напряжению;
- повышение экономичности работы и запаса устойчивости параллельной работы.

К *автоматике управления в аварийных режимах* наряду с устройствами релейной защиты также относят сетевую автоматику, которая осуществляет включение резерва, повторное включение элементов оборудования (линий трансформаторов, шин), форсировку возбуждения синхронных машин и противоаварийную автоматику. С помощью противоаварийной автоматики осуществляются:

- разгрузка ЛЭП – для предотвращения нарушения устойчивости параллельной работы;
- прекращение асинхронного режима делением энергосистем;
- отключение – для предотвращения развития аварии части потребителей по факту недопустимо низкой частоты или напряжения;
- ликвидация кратковременных повышений частоты и напряжения.

Все устройства автоматики независимо от выполняемых функций можно разделить также на две группы: устройства автоматического управления и устройства автоматического регулирования.

Послетекстовые задания　课后练习

<u>Задание 10.</u> Ответьте на вопросы к тексту. 回答课文问题。

1. Что понимают под автоматизацией энергосистем?
2. Что обеспечивает автоматизация энергосистем?
3. Какая основная особенность энергетики отличает её от других отраслей промышленности?
4. К чему может привести нарушение нормального режима работы одного из элементов энергосистемы? На чём это может отразиться?
5. На какие две большие группы можно разделить все устройства автоматики?
6. Какие функции выполняет технологическая автоматика?
7. Какие функции осуществляет системная автоматика?
8. Что относят к автоматике управления в нормальных режимах?
9. Что осуществляют с помощью противоаварийной автоматики?
10. На какие две группы независимо от выполняемых функций можно разделить все устройства автоматики?

<u>Задание 11.</u> Вставьте пропущенные слова и словосочетания. Ориентируйтесь на содержание текста. 根据课文内容，在空白处填上单词和词组。

1. Автоматизация энергосистем обеспечивает нормальное функционирование __________ , надёжную и экономичную работу энергосистемы в целом, требуемое качество электроэнергии.
2. При увеличении или уменьшении__________ должна немедленно увеличиваться или уменьшаться её выработка на электростанциях.
3. Электрические процессы при нарушении нормального режима протекают так быстро, что__________ электростанций и подстанций не успевает вмешаться в протекание процесса и предотвратить его развитие.
4. Все устройства автоматики можно разделить на две большие группы: устройства технологической и__________.
5. По функциональному назначению системная автоматика разделяется на автоматику управления в__________ и автоматику управления в __________ .
6. С помощью устройств автоматики управления в нормальных режимах обеспечиваются установленное__________ по частоте и напряжению, __________ работы и запаса устойчивости параллельной работы.
7. С помощью противоаварийной автоматики осуществляются__________ для предотвращения нарушения устойчивости параллельной работы, прекращение асинхронного режима делением энергосистем и др.
8. Все устройства автоматики независимо от выполняемых функций можно разделить также на две группы: устройства__________ и устройства__________ .

<u>Задание 12.</u> Закончите следующие СПП предложения с придаточными определительными, опираясь на информацию текста. 根据课文信息，完成带限定从句的主从复合句。

1. Под автоматизацией энергосистем понимается внедрение устройств и систем, которые

   ____
2. Основная особенность энергетики, которая

   ____
3. Нарушение нормального режима работы одного из элементов может отразиться на работе многих элементов энергосистемы, которое

   ____
4. Технологическая автоматика является местной автоматикой, которая

   ____
5. Системная автоматика осуществляет функции управления, которые

   ____
6. К автоматике управления в нормальных режимах относятся устройства

автоматического регулирования частоты и активной мощности, с помощью которых

___

7. К автоматике управления в аварийных режимах наряду с устройствами релейной защиты также относят сетевую автоматику, которая

___

<u>Задание 13.</u> Скажите, о чём идёт речь в тексте. Используйте структуру:

- «сообщают о…»;
- «сообщают о том, что…».

用 «сообщают о», «сообщают о том, что»结构讲述课文内容。

<u>Задание 14.</u> Составьте план к тексту. 列出课文提纲。

<u>Задание 15.</u> Передайте краткое содержание текста согласно плану. 根据提纲，简述课文内容。

<u>Задание 16.</u> Прочитайте текст и выполните тестовое задание к нему. 阅读课文，完成相应测试题。

ПРОТИВОАВАРИЙНАЯ АВТОМАТИКА ЭНЕРГОСИСТЕМ

Противоаварийная автоматика (ПА) предназначена для ограничения развития и прекращения аварийных режимов в энергосистеме. Важнейшей её задачей является обеспечение стабильности работы системы, предотвращение возможности развития общесистемных аварий, сопровождающихся нарушением электроснабжения потребителей на значительной территории, и минимизации последствий аварии, если она всё же произошла.

Для решения этих задач применяют современные системы ПА, построенные на базе микропроцессорной техники и современных информационных технологий, что позволяет использовать весь потенциал быстродействия, точных расчётов места повреждения и т.д.

ПА находится во взаимодействии с релейной защитой и другими средствами автоматического управления в энергосистеме, включая АПВ, АВР, автоматическое регулирование возбуждения, автоматическое регулирование частоты и активной мощности (вместе с автоматическим ограничением перетока), и выполняет следующие автоматические функции:

- предотвращение нарушения устойчивости энергосистемы;
- ликвидацию асинхронного режима;
- ограничение снижения частоты;
- ограничение снижения напряжения;
- ограничение повышения частоты;
- ограничение повышения напряжения;
- ограничение перегрузки оборудования.

Тест

1. Для чего предназначена противоаварийная автоматика в энергосистеме?
   А. для ограничения развития и прекращения аварийных режимов;
   Б. для ликвидации нарушений нормального режима;
   В. для ликвидации нарушений послеаварийного режима.
2. Что относится к важнейшим задачам противоаварийной автоматики?
   А. нарушение стабильности работы;
   Б. возникновение аварий на объектах;
   В. обеспечение стабильности работы системы, предотвращение возможности развития аварий и минимизация последствий аварии.
3. Какие системы ПА применяют для решения задач противоаварийной автоматики?
   А. современные;
   Б. прежние;
   В. устаревшие.
4. Противоаварийная автоматика находится во взаимодействии с…
   А. гидрозащитой;
   Б. релейной защитой;
   В. теплозащитой.
5. Противоаварийная автоматика выполняет следующие автоматические функции:
   А. увеличение повышения напряжения;
   Б. ограничение снижения напряжения;
   В. ликвидацию синхронного режима.

ТЕМА 13. ТРЁХФАЗНЫЕ СИЛОВЫЕ ТРАНСФОРМАТОРЫ
第十三课　三相电力变压器

Ключевые понятия: трёхфазный силовой трансформатор, статический электромагнитный преобразователь электроэнергии, статический электромагнитный аппарат, масляный трансформатор, сухой трансформатор, стержневой трансформатор, броневой трансформатор.

Словообразование　构词

Суффикс -ИЧН-(ый)

1. при добавлении к основе имён существительных образует как качественные, так и относительные имена прилагательные со значением характерного свойства лица или предмета, названного мотивирующим словом: *аналог → аналог**ичн**ый, гармония → гармон**ичн**ый*;
2. при добавлении к основе существительного **ГОД**, его производных, а также числительных образует имена прилагательные со значением «состоящий из стольких частей, сколько названо мотивирующим словом»: *год → год**ичн**ый, двухгод**ичн**ый, трёхгод**ичн**ый, двое → дво**ичн**ый, трое → тро**ичн**ый*;
3. при добавлении к основе порядковых прилагательных образует имена прилагательные со значением отношение по порядку к определённому месту: *второй → втор**ичн**ый, десятый → десят**ичн**ый, первый → перв**ичн**ый, третий → трет**ичн**ый*.

Задание 1. Образуйте от следующих существительных прилагательные с суффиксом -ИЧН-(ый). 使用后缀 **-ИЧН-(ый)** 将下列名词转换成形容词。

Образец: *симметрия – симметр**ичн**ый*

аналог –　　　　　　　　ритм –

асимметрия –　　　　　　схема –

герметик –
динамика –
единица –
практика –
различие –
техника –
технология –
тип –
цикл –
экономия –

Грамматический комментарий 语法注解

Сложноподчинённые предложения (СПП) с придаточными обстоятельственными состоят из двух или более предложений (частей), где придаточная (обстоятельственная) часть замещает позицию обстоятельств разного рода и отвечает на те же вопросы, что и обстоятельства.

Придаточные обстоятельственные делятся на несколько видов.

Вид придаточного	**На какие вопросы отвечает?**	**Какими словами присоединяется?**
времени	когда? как долго? с каких пор? до каких пор?	союзы: *когда, едва, пока, перед тем как, после того как, до тех пор пока, с тех пор как, как только, в то время как*
места	где? куда? откуда?	союзные слова: *где, куда, откуда*
причины	почему? отчего? по какой причине?	союзы: *потому что, оттого что, так как, ибо, вследствие того что, благодаря тому что, поскольку*
следствия	что произошло вследствие этого? что из этого следует?	союз: *так что* союзное слово: *поэтому*
цели	зачем?	союзы: *чтобы, для того чтобы, с тем чтобы, только бы, лишь бы*
условия	при каком условии?	союзы: *если, когда* (в значении «если»), *если бы, если... то, при условии если, ежели, раз, коли* и др.
уступки	несмотря на что? вопреки чему?	союзы: *хотя, пусть, пускай, несмотря на то что* сочетания: *что ни, кто ни, сколько ни, когда ни, как ни* и т.д.
образа действия	как? каким образом?	союзы: *как, что, чтобы, словно, точно*
меры и степени	насколько? в какой мере? до какой степени?	союзы: *что, чтобы, словно, точно, как* союзные слова: *насколько, поскольку* и др. При этом главное предложение часто содержит слова *так, настолько* и др.
сравнения	как? подобно чему?	союзы: *как, словно, будто, как будто, подобно тому как, как если бы* и др.

В технической литературе наиболее часто встречаются придаточные причины, следствия, цели и условия.

Задание 2. Прочитайте СПП с придаточными обстоятельственными. Определите, с помощью каких союзов/союзных слов придаточные обстоятельственные присоединяются к главному предложению. Определите вид придаточного. 朗读带有状语从句的主从复合句。确定哪些连接词可以连接状语从句和主句，并确定从句的类型。

1. Обмотки силового трёхфазного трансформатора магнитно связаны между собой, так как имеют одну общую магнитную цепь.
2. При несимметричной магнитной системе существует неравенство магнитных сопротивлений для потоков различных фаз, что приводит к неравенству токов холостой работы в отдельных фазах при одном и том же фазовом напряжении.
3. Так как конструкция трёхфазных силовых трансформаторов с несимметричной магнитной цепью значительно проще, чем трансформатора с симметричной магнитной цепью, то первые трансформаторы и нашли себе преимущественное применение.
4. Сердечник броневого типа заключает в себе обмотки, в то время как обмотки стержневого типа заключают в себе сердечник.
5. Трансформатор трёхфазный может относиться к любому из этих типов, если он предназначен для работы в трёхфазной сети.
6. Силовые трансформаторы абсолютно безопасны в плане пожарной и экологической угрозы, поэтому их можно использовать там, где требуется соблюдать повышенную безопасность, например, в общественных местах, в метро, в жилых зданиях и т.п.
7. Несмотря на то, что рабочая температура обмоток выше температуры окружающей среды, высокая влажность может вызвать проникновение влаги в материал обмоток и ухудшить изоляционные свойства.
8. Если к обмотке данного устройства подключить источник переменного тока, то по виткам этой обмотки будет протекать переменный ток.

Задание 3. Составьте СПП с придаточными обстоятельственными с данными союзами/союзными словами. 使用以下连接词和连接词语构成带状语从句的主从复合句。

1. перед тем как

____

____

2. после того как

____

____

3. потому что

4. поэтому

5. для того чтобы

6. если бы

7. несмотря на то что

8. поскольку

Модели научного стиля речи 科技语体句型

Что (1)* представляет *что (4)

Силовой трансформатор представляет собой статический электромагнитный аппарат, предназначенный для преобразования переменного тока одного напряжения в переменный ток другого напряжения.

Что (4)* различают *по какому принципу (3), как, по чему (3)

Силовые трансформаторы различают: по способу охлаждающей среды, по числу обмоток и по количеству фаз.

Что (1)* применяется *для чего (2)

Трёхфазный силовой трансформатор применяется для трансформации трёхфазного тока.

Что (1)* соединено *как, чем (5), каким образом

Стержни соединены между собой сверху и снизу ярмом.

Что (1)* разделяется *на что (4)

По конструкции магнитопровода трёхфазные силовые трансформаторы разделяются на стержневые и броневые.

Что (1)* расположено *где (6)

Стержни расположены в одной плоскости.

Что (1)* даёт *что (4)

Расположение стержней по углам равностороннего треугольника даёт равные магнитные сопротивления для магнитных потоков всех трёх фаз.

Что (1)* встречается *как

Трёхфазные силовые трансформаторы с симметричной магнитной системой встречаются редко.

Что (4)* можно рассматривать *как, чем (5), как что (4)

Броневой трансформатор можно рассматривать как бы состоящим из трёх однофазных броневых трансформаторов, приставленных один к другому своими ярмами.

К чему (3)* можно отнести *что (4)

К недостаткам можно отнести, во-первых, малую доступность обмоток для ремонта, и, во-вторых, худшие условия охлаждения обмотки.

Задание 4. Выпишите из предложений выделенные слова. Поставьте к ним вопросы. 写出划线词语，并对划线词语提问。 **Составьте конструкции (см. «Речевые модели»).** 参照例子写出句型结构。

Образец: Каждая фаза (1) имеет свою магнитную цепь (4). –

А: (Что?) фаза имеет *(что?)* цепь. –

Б: Что имеет что.

1. **Маслоуказатель** **представляет** собой стеклянную **трубку**, вставленную в металлическую оправу.

   А: ____________________

   Б: ____________________

2. Вторичные **обмотки** низкого напряжения **соединены** между собой **по схеме** «треугольник».

   А: ____________________

   Б: ____________________

3. **Измерение** параметров электрической цепи – это важнейшая **задача** энергетики.

   А: ____________________

   Б: ____________________

4. **В баке** **находится** трансформаторное **масло**.

   А: ____________________

   Б: ____________________

5. Пульсирующий **ток** любого вида **можно рассматривать** **как сумму** двух токов – постоянного и переменного.

   А: ____________________

   Б: ____________________

6. Трёхфазные **трансформаторы** **различают** **по группе** соединений.

   А: ____

   Б: ____

7. **Воздухоосушитель** **даёт** нужную **защиту** при внутренних катаклизмах.

   А: ____

   Б: ____

8. Силовой масляный **трансформатор** **состоит** **из магнитопровода** и двух намотанных на него трёхфазных **обмоток**.

   А: ____

   Б: ____

Задание 5. Вместо пропусков употребите подходящие по смыслу глаголы, данные ниже. 从下面的词中找出合适动词填在空白处。

1. Сухими трансформаторами __________ трансформаторы, у которых основной изолирующей средой служит воздух, газ, а охлаждающей средой – атмосферный воздух.
2. По количеству обмоток различного напряжения на каждую фазу трансформаторы __________ на двухобмоточные и трёхобмоточные.
3. Трансформаторы широко __________ для преобразования напряжения в системах передачи и распределения электрической энергии, в выпрямительных установках, в устройствах связи, автоматики и вычислительной техники, а также при электрических измерениях и функциональных преобразованиях.
4. К недостаткам низкочастотного преобразования __________ высокую стоимость трансформатора (из-за большого расхода меди), а также его размер и вес.
5. Бак __________ специальные трубки или рёбра для лучшего охлаждения масла и расширитель для возможности изменения объёма масла при изменении его температуры, зависящей от нагрузки, и температуры окружающего воздуха.
6. Трансформаторы другого числа фаз __________ редко.
7. Этот ток __________ как «выходной» сигнал прибора.
8. У первого трансформатора стержни __________ по вершинам углов равностороннего треугольника.

Слова для справок: *можно отнести, имеет, расположены, называют, разделяются, встречаются, применяют, можно рассматривать.*

Предтекстовые задания　课前练习

<u>Задание 6.</u> Прочитайте и запомните следующие слова и словосочетания. 朗读并记住下列单词和词组。

устройство　设备机构装置
конструкция　结构设计
трёхфазный силовой трансформатор　三相变压器
статический　静止的、静力学的
электромагнитный　电磁的
преобразователь электроэнергии　电力转换器
индуктивно　电感地、感应地
изменение　改变、变动
электромагнитный аппарат　电磁装置
трансформатор: масляный трансформатор　变压器：油浸变压器
сухой трансформатор　干式变压器
двухобмоточный трансформатор　双卷变压器、双绕组变压器
трёхобмоточный трансформатор　三卷变压器
однофазный трансформатор　单相变压器
трёхфазный трансформатор　三相变压器
стержневой трансформатор　芯式变压器
обмотка　线圈、绕组
магнитный: магнитная система, магнитная цепь, магнитный поток
磁的：磁系统，磁路，磁通
бак с маслом　油箱
среда: изолирующая среда, охлаждающая среда 介质：冷却介质，绝缘介质
трансформация　变换、变形、变态、变压
стержень　杆、芯线、轴
стержневая конструкция　杆件结构
магнитопровод　导磁体，磁路
плоскость　轴面，面
ярмо　牛轭、压迫、桎梏
трёхфазный силовой трансформатор: стержневой и броневой
三相变压器：芯式变压器和壳式变压器
симметричный/несимметричный　对称的/不对称的
накладка　连接板

катушка	线圈、滚丝刀
равносторонний треугольник	正三角形
расположение	位置、分布
неравенство	不等式、不平衡
насыщенность	饱和、饱和度
сборка	装配安装
незначительно	轻微的、平凡的
преимущественный	优点、优先
применение	采用、运用
путь замыкания	闭合、短路
недостаток	不足、缺乏
окружить/окружить	包围/对待

Задание 7. Прочитайте следующие словосочетания. Обращайте внимание на ударение. 朗读下列词组，注意重音。

А. Силовой трансформатор, трёхфазный силовой трансформатор, устройство трёхфазного силового трансформатора, конструкция трёхфазного силового трансформатора, статический электромагнитный преобразователь электроэнергии, напряжение переменного тока, статический электромагнитный аппарат, преобразование переменного тока, масляные трансформаторы, магнитная система, бак с маслом, сухие трансформаторы, изолирующая среда, охлаждающая среда, атмосферный воздух, трансформация трёхфазного тока, стержневой трансформатор, стержневая конструкция, обмотки высшего напряжения.

Б. Обмотки низшего напряжения, магнитная цепь, конструкция магнитопровода, стержневые трёхфазные силовые трансформаторы, симметричная магнитная цепь, несимметричная магнитная цепь, железные стержни, первичная катушка, вторичная катушка, равносторонний треугольник, магнитные сопротивления, магнитные потоки, неравенство магнитных сопротивлений, неравенство токов холостой работы, преимущественное применение, броневой трансформатор, короткие пути замыкания, небольшие токи холостой работы, охлаждение обмотки.

Текст 1 课文 1

Задание 8. Прочитайте и переведите текст. 阅读并翻译课文。

УСТРОЙСТВО И КОНСТРУКЦИЯ ТРЁХФАЗНОГО СИЛОВОГО ТРАНСФОРМАТОРА

Трансформатор – это статический электромагнитный преобразователь электроэнергии, имеющий две и больше индуктивно связанных обмоток и предназначенный для изменения напряжения переменного тока.

Силовой трансформатор представляет собой статический электромагнитный аппарат, предназначенный для преобразования переменного тока одного напряжения в переменный ток другого напряжения.

Силовые трансформаторы различают по способу охлаждающей среды – масляные и сухие; по числу обмоток – двухобмоточные и трёхобмоточные; по количеству фаз – однофазные и трёхфазные.

Масляными трансформаторами называют трансформаторы, в которых обмотки вместе с магнитной системой погружаются в бак с маслом.

Сухими трансформаторами называют трансформаторы, у которых основной изолирующей средой служит воздух, газ, а охлаждающей средой – атмосферный воздух.

Устройство трёхфазного силового трансформатора

Трёхфазный силовой трансформатор применяется для трансформации трёхфазного тока.

Рис. 1. Трёхфазный силовой трансформатор

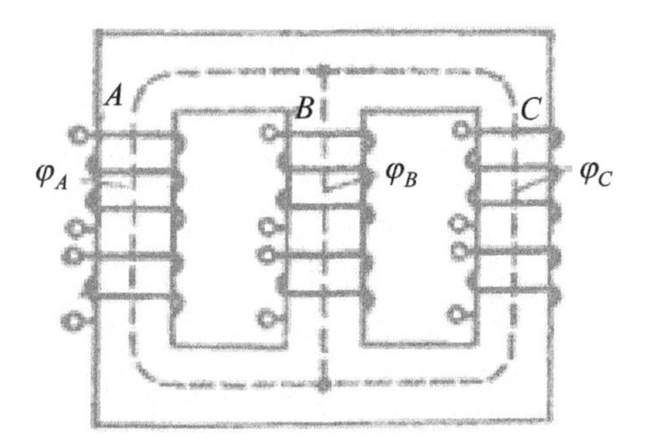

Рис. 2. Схема устройства стержневого трансформатора

Трёхфазный силовой трансформатор имеет стержневую конструкцию. Магнитопровод такого трансформатора представляет собой три стержня, расположенных в одной плоскости. На каждом стержне трёхфазного силового трансформатора размещаются обмотки высшего и низшего напряжения одной фазы. Стержни соединены между собой сверху и снизу ярмом. При этом получается, что обмотки силового трёхфазного трансформатора магнитно связаны между собой, так как имеют одну общую магнитную цепь.

Обмотки трёхфазного силового трансформатора могут быть соединены звездой или треугольником.

Трансформация трёхфазного тока также может производиться при использовании «трёхфазной группы», состоящей из трёх однофазных трансформаторов.

Конструкция магнитопровода трёхфазного силового трансформатора

По конструкции магнитопровода трёхфазные силовые трансформаторы разделяются на стержневые и броневые. Стержневые трёхфазные силовые трансформаторы подразделяются на трёхфазные трансформаторы с симметричной магнитной цепью и трёхфазные трансформаторы с несимметричной магнитной цепью.

Стержневые трёхфазные силовые трансформаторы с симметричной и несимметричной магнитной цепью состоят из трёх железных стержней, схваченных сверху и снизу железными накладками-ярмами. На каждом стержне находится первичная и вторичная катушки одной фазы.

У трёхфазного силового трансформатора с симметричной магнитной системой стержни расположены в одной плоскости, а у трёхфазного силового трансформатора с несимметричной магнитной системой стержни расположены по углам равностороннего треугольника.

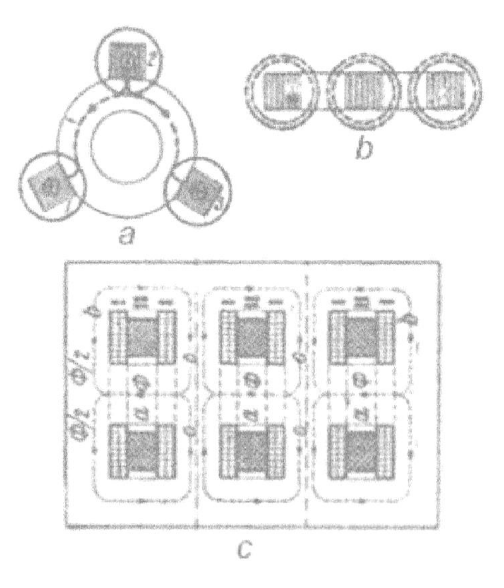

Рис. 3. a) стержневой трансформатор с несимметричной магнитной цепью

b) стержневой трансформатор с симметричной магнитной цепью

c) броневой трёхфазный трансформатор

Расположение стержней по углам равностороннего треугольника даёт равные магнитные сопротивления для магнитных потоков всех трёх фаз. При несимметричной магнитной системе существует неравенство магнитных сопротивлений для потоков различных фаз, что приводит к неравенству токов холостой работы в отдельных фазах при одном и том же фазовом напряжении.

Однако при небольшой насыщенности железа ярма и хорошей сборке железа стержней это неравенство токов незначительно. Так как конструкция трёхфазных силовых трансформаторов с несимметричной магнитной цепью значительно проще, чем трансформатора с симметричной магнитной цепью, то первые трансформаторы и нашли себе преимущественное применение. Трёхфазные силовые трансформаторы с симметричной магнитной системой встречаются редко.

Броневой трансформатор можно рассматривать как бы состоящим из трёх однофазных броневых трансформаторов, приставленных один к другому своими ярмами. Главным их преимуществом перед стержневыми являются короткие пути замыкания магнитных потоков, а следовательно, небольшие токи холостой работы. К недостаткам можно отнести, во-первых, малую доступность обмоток для ремонта ввиду того, что они окружены железом, и, во-вторых, худшие условия охлаждения обмотки – по той же причине.

Послетекстовые задания　课后练习

<u>Задание 9.</u> Дайте определение следующим понятиям. 解释下列概念。

1. Трансформатор.
2. Силовой трансформатор.
3. Масляный трансформатор.
4. Сухой трансформатор.
5. Броневой трансформатор.

<u>Задание 10.</u> Ответьте на вопросы к тексту. 回答课文问题。

1. Что называют статическим электромагнитным преобразователем электроэнергии, который имеет две и больше индуктивно связанных обмоток и предназначен для изменения напряжения переменного тока?
2. Что представляет собой силовой трансформатор?
3. Как различают силовые трансформаторы?
4. Что называют масляными трансформаторами?
5. Что называют сухими трансформаторами?
6. Для чего применяют трёхфазный силовой трансформатор?

7. Какую конструкцию имеет трёхфазный силовой трансформатор?
8. На какие виды по конструкции магнитопровода разделяются трёхфазные силовые трансформаторы?
9. Из чего состоят стержневые трёхфазные силовые трансформаторы с симметричной и несимметричной магнитной цепью?
10. Из чего состоит броневой трансформатор?
11. Какие трансформаторы имеют преимущество перед стержневыми?

Задание 11. Вставьте пропущенные слова и словосочетания. Ориентируйтесь на содержание текста. 根据课文内容，在空白处填上单词和词组。

1. Трансформатор – это статический электромагнитный__________ электроэнергии, имеющий две и больше индуктивно связанных обмоток и __________ для изменения напряжения переменного тока.
2. __________ представляет собой статический электромагнитный__________, предназначенный для преобразования переменного тока одного напряжения в переменный ток другого напряжения.
3. Силовые трансформаторы различают__________ – масляные и сухие; __________ – двухобмоточные и трёхобмоточные; __________ – однофазные и трёхфазные.
4. Масляными трансформаторами называют трансформаторы, в которых обмотки вместе с магнитной системой погружаются в__________ .
5. Сухими трансформаторами называют трансформаторы, у которых основной изолирующей средой служит воздух, газ, а охлаждающей средой –__________ .
6. Трёхфазный силовой трансформатор применяется для__________трёхфазного тока.
7. __________ подразделяются на трёхфазные трансформаторы с симметричной магнитной цепью; трёхфазные трансформаторы с несимметричной магнитной цепью.
8. __________ можно рассматривать как бы состоящим из трёх однофазных броневых трансформаторов, приставленных один к другому своими ярмами.

Задание 12. Найдите в тексте СПП предложения с придаточными обстоятельственными. Составьте подобные. 在课文中找出带有状语从句的主从复合句，造出类似句子。

Задание 13. Скажите, о чём идёт речь в тексте. Используйте структуры «пишут о...»; «пишут о том, что...». 用**«пишут о», «пишут о том, что»**结构讲述课文内容。

Задание 14. Составьте план к тексту. 列出课文提纲。

<u>Задание 15.</u> Передайте краткое содержание текста согласно плану 根据提纲，简述课文内容。

Текст 2　课文 2

<u>Задание 16.</u> Прочитайте текст и выполните тестовое задание к нему. 阅读课文，完成相应测试题。

ОБЩИЕ ТРЕБОВАНИЯ К СИЛОВЫМ ТРАНСФОРМАТОРАМ

1. Параметры трансформаторов должны отвечать режимам работы электрической сети согласно с «Правилами устройства электроустановок». При этом должны быть учтены продолжительные нагрузочные режимы, кратковременные перегрузки и толчкообразные нагрузки, а также возможные в эксплуатации продолжительные перегрузки. Эти требования касаются всех обмоток многообмоточных трансформаторов.

2. Трансформаторы необходимо устанавливать так, чтобы были обеспечены доступные и безопасные условия для наблюдения за уровнем масла в маслоуказателе, а крышка бака трансформатора с расширителем имела подъём в сторону расширителя не менее 2%, для чего используются металлические подкладки под бак трансформатора со стороны расширителя.

3. Двери трансформаторных помещений должны быть постоянно закрыты. На дверях и в трансформаторных помещениях должны быть нанесены диспетчерские наименования; вывешены плакаты безопасности.

4. Трансформаторы необходимо эксплуатировать с защитой от повреждений и токовых перегрузок в сети.

5. Трансформатор должен быть надёжным в эксплуатации, экономичным; заложенные расчётом потери не должны превышать допустимых пределов, удовлетворять условиям параллельной работы. Трансформатор не должен перегреваться; должен выдерживать допустимое нормами превышение напряжения и внешние короткие замыкания при обусловленных стандартом значениях кратности и длительности протекания тока и допускать регулирование напряжения.

6. При эксплуатации понижающих трансформаторов с напряжением 6-10/0,4кВ должна быть обеспечена их длительная и надёжная работа путём

– соблюдения нагрузок, напряжений и температур в пределах установленных норм;

– поддержания характеристик масла и изоляции в нормированных пределах;

– содержания в исправном состоянии устройств охлаждения, регулирования напряжения;

– защиты трансформатора от токов короткого замыкания;

– защиты масла и др.

7. Трансформаторы наружной установки должны быть окрашены в светлые тона краской, стойкой к атмосферным воздействиям и воздействию масла.

Тест

1. Параметры трансформаторов должны отвечать режимам работы электрической сети согласно с…

   А. «Межотраслевыми правилами по охране труда»;

   Б. «Правилами устройства электроустановок»;

   В. «Правилами технической эксплуатации электроустановок потребителей».

2. Трансформаторы необходимо устанавливать так, чтобы были обеспечены доступные и безопасные условия для наблюдения…

   А. за уровнем масла в маслоуказателе;

   Б. за уровнем давления воды в системе водоснабжения;

   В. за уровнем напряжения в точке присоединения.

3. Двери трансформаторных помещений должны быть постоянно…

   А. открыты;

   Б. закрыты;

   В. приоткрыты.

4. Трансформаторы наружной установки должны быть окрашены в…

   А. светлые тона;

   Б. тёмные тона;

   В. насыщенные тона.

5. Какие трансформаторы должны быть окрашены краской в светлые тона, стойкой к атмосферным воздействиям и воздействию масла?

   А. трансформаторы внутренней и наружной установки;

   Б. трансформаторы внутренней установки;

   В. трансформаторы наружной установки.

ТЕМА 14. ЛИНИИ ЭЛЕКТРОПЕРЕДАЧ

第十四课　输电线

Ключевые понятия: линии электропередач, электрические линии, передача электрического тока, воздушные линии электропередачи, кабельные линии электропередачи, газоизолированные линии.

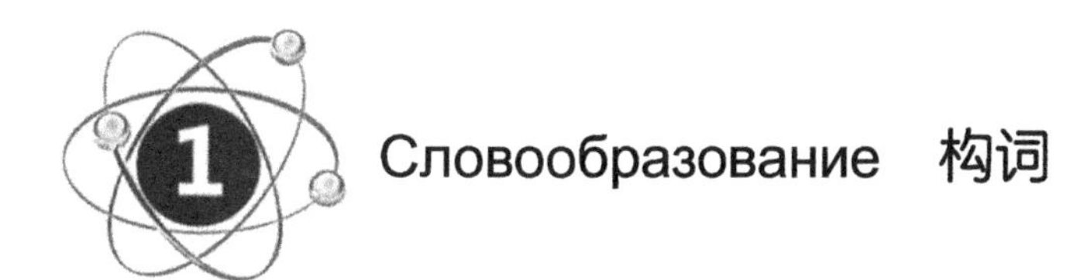

Словообразование　构词

Аббревиатуры – это существительные, состоящие из усечённых слов, входящих в исходное словосочетание, или из усечённых частей исходного сложного слова, а также из названий начальных букв этих слов (или их частей).

Инициальные аббревиатуры делятся на

а) буквенные, произносимые по названиям начальных букв слов (или частей сложного слова): *ЛЭП, МГУ, ЭВМ, ПТУ, НЛО;*

б) звуковые, состоящие из начальных звуков слов (или частей сложного слова), т.е. читаемые как обычное слово: *вуз, НИИ, МХАТ, ГЭС, ТЭЦ, ООН;*

в) буквенно-звуковые: *ЦСКА* [це-эс-ка] – *Центральный спортивный клуб армии.*

Инициальные аббревиатуры пишутся слитно без точек как знака сокращения.

Заглавными буквами пишутся в случаях, если словосочетание – собственное название (*МГУ*) или нарицательное, но читается полностью или частично по названиям букв (*ЭВМ – э-ве-эм*) и если инициальные аббревиатуры нарицательные – несклоняемые существительные (*НИИ, ВТЭК*).

Строчными буквами пишут нарицательные существительные, которые читаются по звукам (слогам) и склоняются (*вуз, нэп*); прописными и строчными, если в состав словосочетания входит однобуквенный союз или предлог, а инициальные аббревиатуры относятся к тем, которые нужно писать заглавными буквами (*КЗоТ* – Кодекс законов о труде).

Склоняются те инициальные аббревиатуры, которые читаются по звукам (слогам) и род ведущего слова которых совпадает с их родовой формой: *вузов, ЗИЛа* (падежное окончание пишется слитно с инициальной аббревиатурой).

<u>Задание 1.</u> Согласно принятым в электротехнике сокращениям, запишите словосочетания в виде аббревиатур и прочитайте их. 按照电气工程中的缩写习惯，阅读并写出下列词组的缩写形式。

Образец: *линия электропередачи – ЛЭП*

нормативно-техническая документация –

правила пожарной безопасности –

охрана труда –

короткое замыкание –

электродвижущая сила –

коэффициент полезного действия –

источник бесперебойного питания –

линия электропередачи –

воздушная линия –

кабельная линия –

контрольно-измерительные приборы и автоматика –

автоматизированная система контроля и учёта электропотребления –

Грамматический комментарий 语法注解

Тире – один из знаков препинания, применяемый в русском языке.

Частые случаи постановки тире:

1. между подлежащим и сказуемым, выраженным существительным в именительном падеже (без связки). Это правило чаще всего применяется, когда сказуемым определяется понятие, выраженное подлежащим, например: ***Золото** (1) – **металл** (1);*
2. между подлежащим и сказуемым, если подлежащее выражено формой именительного падежа существительного, а сказуемое неопределённой формой или если оба они выражены неопределённой формой, например: ***Назначение** (1) каждого человека – **развить** в себе все человеческое, общее и **насладиться** им (В.Г. Белинский);*
3. в частях сложного предложения с параллельной структурой, где пропущенный член восстанавливается из первой части предложения, например: *У него одна история неизбежно вызывает в памяти другую, а та — третью, третья — четвёртую, и потому нет его рассказам конца (К.Г. Паустовский) (та **история** — третью **историю**, третья **история** — четвёртую **историю**);*
4. перед ***это, это есть, это значит, вот***, если сказуемое, выраженное

существительным в именительном падеже или неопределённой формой, присоединяется посредством этих слов к подлежащему, например: *Линии электропередач (ЛЭП) – **это** электрические линии;*

5. перед обобщающим словом, стоящим после перечисления, например: *Физику, химию, математику, иностранные языки – всё надо изучать современным электротехникам;*
6. перед приложением, стоящим в конце предложения:

1) если перед приложением можно без изменения смысла его вставить ***а именно***, например: *Я очень люблю этот предмет – русский язык;*

2) если при приложении есть пояснительные слова и необходимо подчеркнуть оттенок самостоятельности такого приложения, например: *Со мною был чугунный чайник – единственная отрада моя в путешествиях по Кавказу (М.Ю. Лермонтов);*

7. между двумя сказуемыми и между двумя независимыми предложениями, если во втором из них содержится неожиданное присоединение или резкое противопоставление по отношению к первому, например: *Хотел начать изучать русский язык – не знал, с чего начать;*
8. между двумя предложениями и между двумя однородными членами предложения, соединёнными без помощи союзов, для выражения резкой противоположности, например: *Я царь – я раб, я червь – я бог (Г.Р. Державин);*
9. между предложениями, не соединёнными посредством союзов, если второе предложение заключает в себе результат или вывод из того, о чем говорится в первом, например: *Солнце взошло – начинается день. (Н.А. Некрасов);*
10. между двумя предложениями, если они связаны по смыслу как придаточное (на первом месте) с главным (на втором месте), но подчинительные союзы отсутствуют, например: *Любишь кататься – люби и саночки возить (М.Е. Салтыков-Щедрин);*
11. между двумя или несколькими именами собственными, совокупностью которых называется какое-либо учение, научное учреждение и т.п., например: *Физический закон Бойля – Мариотта;*
12. между двумя словами для обозначения пределов пространственных, временных или количественных (в этом случае тире заменяет по смыслу слова «от...до»), например: *поезд Москва – Пекин*; *весна – осень*; *за первые десять – пятнадцать лет;*
13. для указания диапазонов значений; в этом случае его не отбивают пробелами и ставят вплотную к цифрам, например: *1941–45 гг.*, *30–40 граммов*.

Тире не ставится:

1. если перед сказуемым, выраженным существительным в именительном падеже, стоит отрицание ***не*** (*Золото **не** простой **металл***);
2. если при сказуемом есть ***как, будто, словно, точно*** (*Электротехника **как наука***);
3. если подлежащее выражено личным местоимением (***Он** прекрасный человек*);

4. если перед сказуемым стоит вводное слово (*Собака, **известно**, друг человека*).

<u>Задание 2.</u> Выразительно прочитайте предложения. Объясните постановку тире. 有感情地朗读句子，并解释破折号的使用。

1. Основное назначение линий электропередач – это передача электрического тока на расстояние.
2. В последнее время приобретают популярность газоизолированные линии – ГИЛ.
3. Воздушная линия электропередачи (ВЛ) – устройство, служащее для передачи электрической энергии по проводам, расположенным на открытом воздухе и прикреплённым с помощью траверс, изоляторов и арматуры к опорам или другим сооружениям.
4. В случае пожара или токовой перегрузки происходит прогрев элементов до температуры порядка 500–600°C.
5. Назначение линий электропередач – передавать электрическую энергию.
6. Устойчивость к осадкам, перепады температуры, наледи – всё стоит учитывать при установке воздушных линий электропередач.
7. Опоры маркируются сочетанием красок определённых цветов, провода – авиационными шарами для обозначения в дневное время.
8. Высоковольтная линия постоянного тока Москва – Кашира.

<u>Задание 3.</u> Отметьте предложения, в которых на месте пропуска необходимо поставить тире. 在句子空白处标注必要的破折号。

1. Кабельная линия электропередачи (КЛ) __________ линия для передачи электроэнергии или отдельных её импульсов, состоящая из одного или нескольких параллельных кабелей с соединительными, стопорными и концевыми муфтами и крепёжными деталями.
2. Электротехника__________ не гуманитарная наука.
3. Предназначение электрических сетей__________ получать электрическую энергию от генераторов электростанций и транспортировать её к потребителям.
4. Строительство воздушных линий сопряжено с большими капиталовложениями, потому что прокладка трассы__________ это установка опор в основном металлических, которые имеют достаточно сложную конструкцию.
5. Линии электропередач__________ как источник повышенной опасности.
6. Исключение составляют вводы в здания__________ изолированные провода, протягиваемые от опоры ЛЭП к изоляторам, закреплённым на крюках непосредственно на здании.
7. Он__________специалист по электротехнике.
8. Магнитные цепи__________ раздел электротехники.

Модели научного стиля речи　科技语体句型

Когда (4)* приобретают *что (4)

В последнее время приобретают популярность газоизолированные линии – ГИЛ.

В состав чего (2)* входит *что (1)

В состав воздушных линий электропередач входят провода, траверсы, изоляторы, опоры, контур заземления, молниеотводчики, разрядники.

Для чего (2)* используют *что (4)

Для воздушных ЛЭП используют неизолированные провода.

Что (1)* составляет *что (4)

Исключение составляют вводы в здания – изолированные провода.

Что (4) классифицируют *как*

Кабельные линии классифицируют аналогично воздушным линиям.

Что (4)* делят *как, по чему (3), на что (4)

Кабельные линии делят по условиям прохождения и по типу изоляции.

Что (1)* сводится *к чему (3)

Таким образом, разнообразие линий электропередач сводится к классификации двух основных видов: воздушных и кабельных.

Что (4)* используют *где (6), как

Оба варианта сегодня используют повсеместно, поэтому не стоит отделять один от другого и отдавать предпочтение одному из них.

Что (1)* сопряжено *с чем (5)

Конечно, строительство воздушных линий сопряжено с большими капиталовложениями.

Задание 4. Выпишите из предложений выделенные слова. Поставьте к ним вопросы. Выпишите из предложений выделенные слова. Поставьте к ним вопросы. Составьте конструкции (см. «Речевые модели»). 参照例子写出句型结构。

Образец: *Исключение (4) составляет всего один случай (1). –*

А: (Что?) Исключение составляет *(что?)* случай. –

Б: Что составляет *что*.

1. **В последнее время приобретают популярность** электросчётчики, позволяющие учитывать разницу в дневном и ночном тарифе на электроэнергию.

   А: ____

Б: ______________________________

2. **Для проводки** воздушных линий и сетей **используют** различные **провода и тросы**.

   А: ______________________________

   Б: ______________________________

3. Переходные полиэтиленовые **колпачки** **используют** **на крюках и штырях**.

   А: ______________________________

   Б: ______________________________

4. В соответствии с «Правилами устройства электроустановок» по напряжению воздушные **линии** **делятся** **на две группы**.

   А: ______________________________

   Б: ______________________________

5. **ЛЭП** – линия электропередачи высокого напряжения.

   А: ______________________________

   Б: ______________________________

6. В зависимости от длины волны электромагнитное **излучение** **делят** **на ряд** диапазонов.

   А: ______________________________

   Б: ______________________________

7. **В состав** ВЛ **входят** **устройства**, необходимые для обеспечения бесперебойного электроснабжения потребителей и нормальной работы линии.

   А: ______________________________

   Б: ______________________________

8. **Сети** электроснабжения **классифицируют** **по назначению** (области применения), масштабным **признакам** и **по роду** тока.

   А: ______________________________

   Б: ______________________________

Задание 5. Вместо пропусков употребите подходящие по смыслу слова, данные ниже. 从下面的词中找出合适单词填在空白处。

1. В разомкнутую сеть __________ линии, идущие к электроприёмникам или их группам и получающие питание с одной стороны.
2. Воздушные линии электропередачи __________ по роду тока, назначению и напряжению.
3. Места производства земляных работ по степени опасности повреждения кабелей __________ на две зоны.
4. Линии электропередачи __________ сооружения из проводов и вспомогательных устройств (опоры, трансформаторы и др.) для передачи электроэнергии от электростанций к потребителям.
5. Строительство линий электропередач __________ с рядом проблем, решение которых

позволит существенно снизить себестоимость энергоресурсов.

6. В последнее время всё большую популярность у потребителей __________ вакуумные выключатели.
7. Суть проблемы качества электроэнергии, в итоге, __________ к одному.
8. Для деревянных опор __________ брёвна, пропитанные антисептиком.

Слова для справок: *это, приобретают, используют, классифицируют, сопряжено, сводится, делят, входят.*

4 Предтекстовые задания　课前练习

<u>Задание 6.</u> Прочитайте и запомните следующие слова и словосочетания. 朗读并记住下列单词和词组。

линия электропередачи – ЛЭП　输电线
провод　电线
передавать/передаётся　传递/输送
электрическая энергия – электроэнергия　电能
межотраслевой　跨部门的
правила технической эксплуатации　技术操作规章
электроустановка　电气装置
электрическая линия　电线
участок провода　电线工段（区）
предел　限度、范围
подстанция　变电站、配电站
электрическая станция　发电站
классификация　分类
линия электропередачи:воздушная линия электропередачи
кабельная линия электропередачи
输电线：架空线，架空输电线路
газоизолированная линия – ГИЛ　气体绝缘线
изолятор　绝缘体（子）
арматура　设备钢筋
опора　支柱、电线杆
соприкосновение　接触、密接
контур заземления　接地电路

молниеотводчик	避雷针
разрядник	避雷器
изолированный/неизолированный провод	绝缘线
протягивать/протянуть	拉/安装
закреплять/закрепить	加固
крюк	吊钩
импульс	脉冲、动机
параллельный	平行的、同时的
крепёжная деталь	连接件、坚固件
маслонаполненный	充油的
аппарат	机器、部门
система сигнализации	信号系统
давление масла	油压
аналогично	类似地
нефтяное масло	石油
прокладка трассы	配线、安装线路

Задание 7. Прочитайте следующие словосочетания. Обращайте внимание на ударение. 朗读下列词组，注意重音。

А. Линии электропередач, межотраслевые правила, правила технической эксплуатации, электрические линии, участки проводов, выходить за пределы, передача электрического тока, воздушные линии электропередачи, кабельные линии электропередачи, газоизолированные линии, на открытом воздухе, условия невозможности соприкосновения, элементы опор, контур заземления, неизолированные провода, изолированные провода, вводы в здания.

Б. Параллельные кабели, соединительные муфты, стопорные муфты, концевые муфты, крепёжные детали, система сигнализации, давление масла, нефтяное масло, бумажно-масляная, резино-бумажная, сшитый полиэтилен, этилен-пропиленовая резина, отдавать предпочтение, прокладка трассы, установка опор, сложная конструкция.

Задание 8. Прочитайте и переведите текст. 阅读并翻译课文。

ЛИНИИ ЭЛЕКТРОПЕРЕДАЧ

Как можно определить значение линий электропередач? Есть ли точное определение проводам, по которым передаётся электроэнергия?

В межотраслевых правилах технической эксплуатации электроустановок потребителей есть точное определение. Итак, во-первых, линии электропередач (ЛЭП) – это электрические линии. Во-вторых, это участки проводов, которые выходят за пределы подстанций и электрических станций. Основное назначение линий электропередач – это передача электрического тока на расстоянии.

Классификация ЛЭП

Различают воздушные и кабельные линии электропередачи. В последнее время приобретают популярность газоизолированные линии – ГИЛ.

Воздушные ЛЭП

Воздушная линия электропередачи (ВЛ) – устройство, служащее для передачи электрической энергии по проводам, расположенным на открытом воздухе и прикреплённым с помощью траверс (кронштейнов), изоляторов и арматуры к опорам или другим сооружениям (мостам, путепроводам).

Воздушные линии электропередачи делятся на ВЛ напряжением до 1000 В и выше 1000 В.

В состав воздушных линий электропередач входят:

- провода;
- траверсы, с помощью которых создаются условия невозможности соприкосновения проводов с другими элементами опор;
- изоляторы;
- опоры;
- контур заземления;
- молниеотводчики;
- разрядники.

Для воздушных ЛЭП используют неизолированные провода. Исключение составляют вводы в здания – изолированные провода, протягиваемые от опоры ЛЭП к изоляторам, закреплённым на крюках непосредственно на здании.

Кабельные ЛЭП

Кабельная линия электропередачи (КЛ) – линия для передачи электроэнергии или отдельных её импульсов, состоящая из одного или нескольких параллельных кабелей с соединительными, стопорными и концевыми муфтами (заделками) и крепёжными деталями, а для маслонаполненных линий, кроме того, с подпитывающими аппаратами и системой сигнализации давления масла.

Кабельные линии классифицируют аналогично воздушным линиям. Кроме того, кабельные линии делят на две группы:

по условиям прохождения:

- подземные;
- по сооружениям;
- подводные;

по типу изоляции:

- жидкостная (пропитанная кабельным нефтяным маслом);
- твёрдая;
- бумажно-масляная;
- поливинилхлоридная (ПВХ);
- резино-бумажная (RIP);
- сшитый полиэтилен (XLPE);
- этилен-пропиленовая резина (EPR).

Таким образом, разнообразие линий электропередач сводится к классификации двух основных видов: воздушных и кабельных. Оба варианта сегодня используются повсеместно, поэтому не стоит отделять один от другого и отдавать предпочтение одному из них. Конечно, строительство воздушных линий сопряжено с большими капиталовложениями, потому что прокладка трассы – это установка опор в основном металлических, которые имеют достаточно сложную конструкцию.

Послетекстовые задания　课后练习

Задание 9. Дайте определение следующим понятиям. 解释下列概念。

1. Линии электропередачи.
2. Воздушная линия электропередачи.
3. Вводы в здания.
4. Кабельная линия электропередачи.
5. Прокладка трассы.

Задание 10. Ответьте на вопросы к тексту. 回答课文问题。

1. Что такое линии электропередачи (ЛЭП)?
2. Какое основное назначение ЛЭП?
3. Как классифицируют ЛЭП?
4. Какие ЛЭП приобретают популярность в последнее время?
5. Как называется устройство, служащее для передачи электрической энергии по проводам на открытом воздухе?
6. Что входит в состав воздушных ЛЭП?
7. Какие провода используют для воздушных ЛЭП?
8. Как называется линия для передачи электроэнергии или отдельных её импульсов, состоящая из одного или нескольких параллельных кабелей?
9. Как классифицируют кабельные линии?
10. Строительство каких линий электропередач сопряжено с большими капиталовложениями? Почему?

Задание 11. Вставьте пропущенные слова и словосочетания. Ориентируйтесь на содержание текста. 根据课文内容，在空白处填上单词和词组。

1. Во-первых, линии электропередач (ЛЭП) – это __________ .
2. Во-вторых, линии электропередач – это__________, которые выходят за пределы подстанций и электрических станций.
3. Основное назначение линий электропередач – это__________ электрического тока на расстоянии.
4. В последнее время приобретают популярность__________ – ГИЛ.
5. Воздушная линия электропередачи (ВЛ) –__________, служащее для передачи электрической энергии по проводам, __________ на открытом воздухе и__________ с помощью траверс, изоляторов и арматуры к опорам или другим сооружениям.

6. Для воздушных ЛЭП используют__________ провода.
7. __________ – линия для передачи электроэнергии или отдельных её импульсов, состоящая из одного или нескольких параллельных кабелей с соединительными, стопорными и концевыми муфтами и крепёжными деталями.
8. Разнообразие линий электропередач сводится к классификации двух основных видов: __________ и__________ .

Задание 12. Найдите в тексте предложения с тире. Объясните постановку тире. Составьте подобные. 在课文中找出带有破折号的句子，解释破折号的使用，并进行类似的造句。

Задание 13. Скажите, о чём идёт речь в тексте. Используйте структуру: «ведут речь о...»; «ведут речь о том, что...». 用**«ведут речь о»**, **«ведут речь о том, что»**结构讲述课文内容。

Задание 14. Составьте план к тексту. 列出课文提纲。

Задание 15. Передайте краткое содержание текста согласно плану. 根据提纲，简述课文内容。

Текст 2　课文 2

Задание 16. Прочитайте текст и выполните тестовое задание к нему. 阅读课文，完成相应测试题。

ПОЖАРНАЯ БЕЗОПАСНОСТЬ КАБЕЛЬНЫХ ЛИНИЙ ЭЛЕКТРОПЕРЕДАЧ

Температура внутри кабельных каналов (тоннелей) в летнее время должна быть не более чем на 10°C выше температуры наружного воздуха.

При пожарах в кабельных помещениях в начальный период происходит медленное развитие горения и только спустя некоторое время скорость распространения горения существенно увеличивается. Практика свидетельствует, что при реальных пожарах в кабельных туннелях наблюдаются температуры до 600°С и выше. Это объясняется тем, что в реальных условиях горят кабели, которые длительное время находятся под токовой нагрузкой. Изоляция этих кабелей прогревается изнутри до температуры 80°С и выше. В результате этого может возникнуть одновременное воспламенение кабелей в нескольких местах и на значительной длине. Связано это с тем, что кабель находится под нагрузкой и его изоляция нагревается до температуры, близкой к температуре самовоспламенения.

Кабель состоит из множества конструктивных элементов, для изготовления которых используют широкий спектр горючих материалов. В их число входят материалы, имеющие низкую температуру воспламенения; материалы, склонные к тлению. Также в конструкцию кабеля и кабельных конструкций входят металлические элементы. В случае пожара или токовой перегрузки происходит прогрев этих элементов до температуры порядка 500–600°С, которая превышает температуру воспламенения (250–350°С) многих полимерных материалов, входящих в конструкцию кабеля, в связи с чем возможно их повторное воспламенение от прогретых металлических элементов после прекращения подачи огнетушащего вещества. В связи с этим необходимо выбирать нормативные показатели подачи огнетушащих веществ, чтобы обеспечивать ликвидацию пламенного горения, а также исключить возможность повторного воспламенения.

Длительное время в кабельных помещениях применялись установки пенного тушения. Однако опыт эксплуатации выявил ряд недостатков:

- ограниченный срок хранения пенообразователя и недопустимость хранения их водных растворов;
- неустойчивость в работе;
- сложность наладки;
- необходимость специального ухода за устройством дозировки пенообразователя;
- быстрое разрушение пены при высокой (около 800°С) температуре среды при пожаре.

Исследования показали, что распылённая вода обладает большей огнетушащей способностью по сравнению с воздушно-механической пеной, так как она хорошо смачивает и охлаждает горящие кабели и строительные конструкции.

Линейная скорость распространения пламени для кабельных сооружений (горение кабелей) составляет 1,1 м/мин.

Тест

1. Какой должна быть температура внутри кабельных каналов (тоннелей) в летнее время?

   А. не более чем на 10°С ниже температуры наружного воздуха;

   Б. не менее чем на 10°С выше температуры наружного воздуха;

   В. не более чем на 10°С выше температуры наружного воздуха.

2. Практика свидетельствует, что при реальных пожарах в кабельных туннелях

наблюдаются температуры…

А. до 600°C;

Б. до 600°C и выше;

В. выше 600°C.

3. В состав кабеля входят материалы,…

А. имеющие низкую температуру воспламенения и склонные к самовоспламенению;

Б. имеющие высокую температуру воспламенения и склонные к тлению;

В. имеющие низкую температуру воспламенения и склонные к тлению.

4. Почему в конструкцию кабеля и кабельных конструкций входят металлические элементы?

А. чтобы избежать повторного воспламенения кабеля;

Б. чтобы не избежать повторного воспламенения кабеля;

В. чтобы допустить повторное воспламенение кабеля.

5. Длительное время в кабельных помещениях для ликвидации пламенного горения применялись…

А. установки пенного и водяного пожаротушения;

Б. установки пенного пожаротушения;

В. установки водяного пожаротушения.

ТЕМА 15. СПЕЦИАЛЬНОСТИ В ОБЛАСТИ ЭЛЕКТРОТЕХНИКИ
第十五课　电工学行业特点

Ключевые понятия: специальное образование, гидроэнергетик, востребованная техническая профессия, навыки работы, монтажник электрооборудования, наладчик электронного оборудования, обслуживание электроустановок, инженер-электрик, специалист по системам электроснабжения, техник по монтажу, наладке и эксплуатации электрооборудования.

Словообразование　构词

Суффикс **-онн-** присоединяется к основе имен существительных женского рода иностранного происхождения на **-зия**, **-ция** : *консультация – консультационный, организация - организационный.* На этот суффикс всегда падает ударение.

Задание 1. Образуйте от следующих существительных прилагательные с суффиксом -онн-. 借助后缀 **-онн-** 将下列名词变成形容词。

конструкция –
коммуникация –
стабилизация –
организация –
позиция –
идентификация –
рекламация –
прокламация –
дивизия –
инфляция –

Задание 2. (Повторение) Образуйте из следующих словосочетаний одно сложное слово. （复习）用下列词组构成一个复合词。

Образец: *электрическое оборудование – электрооборудование*

электрическая проводка –
электрическая установка –
электрическое снабжение –

электрические приборы –
электрический ток –
электрическая техника –
электрическая энергия –
электрическая цепь –

Грамматический комментарий 语法注解

Деепричастие, которые образуются от глаголов несовершенного вида, имеют суффиксы **-а, -я**. Они указывают на действие, которое является одновременным с действием главного глагола: *читать – чита**я**, выполнять – выполня**я**, использовать – использу**я**, интересоваться - интересу**я**сь.*

1. Читая текст, мы переводим незнакомые слова = Мы читаем текст и переводим незнакомые слова.
2. Читая текст, он смотрел незнакомые слова в словаре = Он читал текст и смотрел незнакомые слова в словаре.
3. Читая текст, студент будет смотреть новые слова в словаре. = Студент будет читать текст и смотреть новые слова в словаре.

<u>Задание 3.</u> Образуйте деепричастия несовершенного вида от следующих глаголов: 把下列动词变成未完成体副动词：

разрабатывать –
принимать –
рассказывать –
делать –
работать –
знать –
передавать –
говорить –
находиться –
интересоваться –
заниматься –
учиться –
встречаться –
являться –
переводить –
сдавать –

<u>Задание 4.</u> От каких глаголов образованы следующие деепричастия? 下列副动词是由哪些动词变来的？

проверяя –
отдавая –
войдя –
выходя –
ремонтируя –
преобразуя –
передавая –
относясь –

зная –	появляясь –
используя –	зная –
применяя –	подписываясь –
переписывая –	переписываясь –
записывая –	записываясь –

<u>Задание 5.</u> Употребите в словосочетании вместо глагола деепричастие по образцу. Обратите внимание на управление глаголов. Запишите. 按示例，把词组中的动词换成副动词。注意动词的变位。

Образец: *являться (кем?) специалист – являясь специалистом*

иметь (что?) структура –

согласовать (что?) действия –

применять (что?) электроэнергия –

заключаться (в чём?) хороший результат –

отдавать (что?) книга –

относиться (к чему?) востребованная специальность –

заниматься (чем?) изучение –

знать (что?) способы защиты –

<u>Задание 6.</u> Закончите данные предложения, выбрав правильный ответ. 选择正确答案，续完句子。

1. Переводя текст, …
   - я смотрел слова в словаре;
   - зазвенел звонок.
2. Читая рассказ, …
   - студент выписывал новые слова;
   - шёл дождь.
3. Проверяя текст, …
   - учитель фиксировал ошибки;
   - было темно.
4. Выходя из дома, …
   - он встретился с другом;
   - произошла встреча с другом.
5. Советуясь с родителями, …
   - решение было принято;
   - я слушал их внимательно.
6. Войдя в комнату, …
   - я увидел друга;
   - никого не было.

7. Создавая данный прибор, …
   - учёный долго работал над ним;
   - были разработаны схемы.
8. Договариваясь о встрече, …
   - он руководствовался своим графиком работы;
   - график работы обсуждали.

Модели научного стиля речи 科技语体句型

Кому/ чему (3)* приходится делать *что (4)

Электрик – рискованная профессия, поскольку ему приходится иметь дело с высоким напряжением.

Кто (1)* занимается *чем (5)

Электрик занимается монтажом электрооборудования и его ремонтом.

Не обойтись *без чего (2)*

Электрики нужны на каждом заводе, фабрике, в компании, так как без электричества сегодня не обойтись.

Кто (1)* нуждается *в ком/ в чём (6)

Многие экономические отрасли нуждаются в государственной поддержке.

Кому/чему (3)* нужен *кто/ что (1)

Этой компании нужен опытный, компетентный руководитель.

Кому/чему (3)* нужно *что делать

Труд электрика связан с постоянным риском, поэтому ему нужно знать способы защиты от поражения электрическим током.

Кто/что (1)* требует *чего (2)

Профессия электрика требует наличия таких качеств, как внимательность, осторожность, аккуратность, ответственность.

От кого (2)* требуется *что (4)

От электромонтёра требуется среднее специальное образование, предпочтительно электротехническое.

Что (1)* даёт возможность *кому (3) что (4) для чего (2)

Высшее техническое образование даёт дополнительные возможности для карьерного роста.

Кто/что (1)* имеет возможность *что делать

Электрик имеет возможность заниматься электроснабжением объектов, ремонтом бытовых электроприборов, промышленного электрооборудования.

Кто (1)* имеет возможность *для чего (2)

Студенты имеют возможность для работы на реальном оборудовании и виртуальных моделях.

Кто (1)* следит *за чем (5)

Молодой специалист следит за производством, передачей, распределением, преобразованием и применением электрической энергии.

Задание 7. Вместо глагола употребите конструкцию «кто нуждается в чём», «кому/чему нужно что», «кому/чему нужно что делать». 用«кто нуждается в чём», «кому/чему нужно что», «кому/чему нужно что делать»句型替换动词。

1. Я должен хорошо подготовиться к экзамену.

____

2. Студенты должны заниматься в библиотеке.

____

3. Электрик должен знать способы защиты от поражения электрическим током.

____

4. Многим экономическим отраслям требуется государственная поддержка.

____

5. При подготовке к экзаменам студенту не обойтись без интернета.

____

6. Этой фирме требуется опытный руководитель.

____

7. Детям не обойтись без помощи родителей.

____

8. Электрики требуются на каждом заводе, фабрике, в компании, так как без электричества сегодня не обойтись.

____

Задание 8. Употребите подходящие по смыслу глаголы, данные ниже. 用适当动词填空。

1. Молодёжь __________ выбирать вуз, чтобы получить высшее образование.
2. От электромонтёра __________ наличие среднего специального образования, предпочтительно электротехнического.
3. Высшее техническое образование __________ дополнительные __________ для карьерного роста.
4. Электромонтёр __________ ремонтом и техническим обслуживанием систем электроснабжения, электрооборудования, электродвигателей, электросвязи, систем кондиционирования и т.д.
5. Электромонтёр имеет средний уровень заработной платы. Представитель данной

профессии __________ повысить свой разряд.

6. Базовая подготовка молодых специалистов в области электротехники __________ изучения таких дисциплин, как теоретические основы электротехники, общая энергетика, электрические машины, электроника и т.д.
7. Труд электрика связан с постоянным риском, поэтому ему __________ знать способы защиты от поражения электрическим током, а также способы оказания первой помощи пострадавшим от действия электрического тока.
8. Руководитель компании должен __________ знаниями, быть компетентным специалистом.

Слова для справок: *заниматься, иметь возможность, даёт возможности, обладать, требует, требуется, нужно.*

4 Предтекстовые задания 课前练习

<u>Задание 9.</u> Прочитайте и запомните слова и словосочетания. 朗读并记住下列单词和词组。

обязанность	义务、职责
кабель	电缆
электропроводка	电线、接线
электрооборудование – электрическое оборудование	电气设备
ремонт	修理
монтаж	安装
монтажные работы	安装作业
заземление	接地、接地线
установка	安装、确定、调整、设备
предприятие	企业
обслуживание	服务
замыкание (проводки)	闭合线路
снабжение (электроэнергией)	供应电能
специалист широкого направления	通才专家
электроснабжение	电能供应
бытовые электроприборы	家用电器
высокое напряжение	高电压

освещение　照明
требование *к кому*　对……的要求
риск – рисковать – рискованная профессия　危险 - 冒险 - 危险行业
внимательность　注意力
осторожность　谨慎、小心
аккуратность　仔细
ответственность　责任
навыки работы *с чем*　处理……工作的技能

Задание 10. Прочитайте следующие словосочетания. Обращайте внимание на ударение. 朗读下列词组，注意重音。

А. Специальное образование, востребованная техническая профессия, постоянный риск, электрический ток, способы защиты, область электротехники, широкое направление, специальные приборы и инструменты, монтажные работы, электрическая проводка.

Б. Действие электрического тока, область электротехники, специальность электрика, основы электротехники, навыки работы, виды приборов, поражение электротоком, оказание помощи, монтаж электрооборудования, замена электропроводки, установка изоляторов, обслуживание электроустановок, замыкание проводки.

Текст 1　课文 1

Задание 11. Прочитайте и переведите текст со словарём. 阅读课文，并查字典翻译。

О ПРОФЕССИЯХ В ОБЛАСТИ ЭЛЕКТРОТЕХНИКИ

В такой серьёзной области, как электротехника, заняты на производстве очень много специалистов. Среди них гидроэнергетик, инженер-электрик, специалист по системам электроснабжения, монтажник электрооборудования, техник по монтажу, наладке и эксплуатации электрооборудования промышленных и гражданских зданий, наладчик электронного оборудования и другие.

Познакомимся со специальностью электрика.

Электрик – это специалист, работающий в области электротехники. Электрик занимается монтажом электрооборудования и его ремонтом. Он обязательно имеет специальное образование. Его труд связан с постоянным риском, поэтому он должен знать способы защиты от поражения электрическим током, а также способы оказания первой помощи пострадавшим от действия электрического тока.

Электрик – это специалист, который собирает, налаживает и ремонтирует электрооборудование, электросети.

Электрик – востребованная техническая профессия. Электрики нужны на каждом заводе, фабрике, в компании, так как без электричества и электроприборов сегодня не обойтись. Электрик работает и в помещении, и на открытом воздухе, и на высоте.

У электрика много обязанностей:

– прокладка кабелей, электропроводки;
– подключение электрооборудования;
– участие в ремонте электрического оборудования;
– осуществление монтажных работ при внедрении нового электрического оборудования;
– монтаж кабелей и сети заземления;
– установка изоляторов;
– обслуживание электроустановок;
– ремонт при замыкании проводки.

Основная задача электрика заключается в организации бесперебойного снабжения электроэнергией помещений, улиц, предприятий.

Электрик является специалистом широкого направления. Он может заниматься электроснабжением объектов, ремонтом бытовых электроприборов, промышленного электрооборудования, заменой электрической проводки, обеспечением освещения на улицах.

Основное требование к электрику заключается в том, что он должен хорошо знать основы электротехники, основы электроники и автоматики.

Электрик – рискованная профессия, поскольку ему приходится иметь дело с высоким напряжением. Поэтому профессия электрика требует наличия таких качеств, как внимательность, осторожность, аккуратность, ответственность.

Электрик должен иметь специальное образование, навыки работы с различными видами специальных приборов и инструментов.

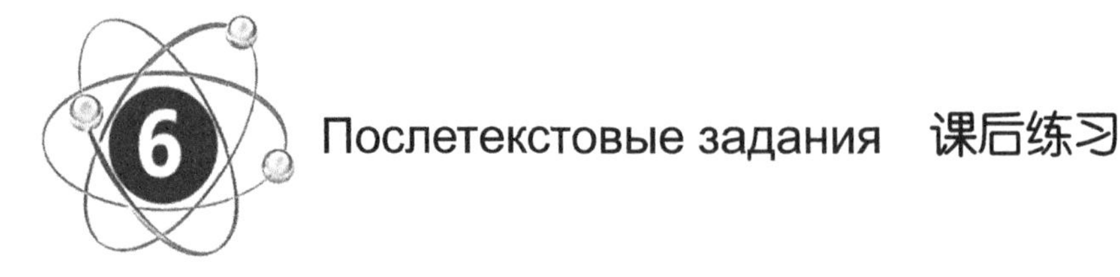

Задание 12. Найдите в тексте ответы на следующие вопросы. 回答课文问题。

1. Какие специальности существуют в области электротехники?
2. Каким специалистом является электрик?
3. Чем он занимается?
4. Какое образование он имеет?
5. Что относится к его главным обязанностям?

6. Где могут работать электрики?
7. Почему он является специалистом широкого направления?
8. В чём заключается основное требование к человеку данной профессии?
9. Почему его профессия считается рискованной?
10. Какое образование должен иметь электрик?

Задание 13. Закончите следующие предложения, опираясь на информацию текста. 根据课文内容，续完句子。

1. Электрик занимается монтажом электрооборудования и ______________________________
2. Его труд связан с постоянным риском, поэтому он должен знать способы защиты от ______________________________
3. Электрики нужны на каждом заводе, фабрике, в компании, так как ______________________________
4. Основная задача электрика заключается в организации бесперебойного снабжения ______________________________
5. Он может заниматься электроснабжением объектов, ремонтом бытовых электроприборов, промышленного электрооборудования ______________________________
6. Основное требование к электрику заключается в том, что он должен ______________________________
7. Профессия электрика требует наличия таких качеств как внимательность ______________________________
8. Электрик должен иметь специальное ______________________________

Задание 14. Прочитайте ещё раз ту часть текста, где говорится о требованиях к такому специалисту как электрик. Воспроизведите информацию по памяти. 再次阅读课文中对电工专业人才的要求，并根据记忆转述相关内容。

Задание 15. Передайте краткое содержание текста. 简述短文内容。

Задание 16. Представьте себе, Вы являетесь руководителем компании. Вам нужны специалисты в области электротехники. Вы составляете рекламный текст и отправляете его в рекламную газету. Вам нужны, помимо прочих специалистов, электромонтёры. Используйте следующую информацию и составьте краткое рекламное объявление. Выберите из микротекста самую важную информацию. Запишите её. 假设

您是公司负责人，需要电气工程领域的专家。请您写一则招聘启事，并将其发到报社。此外，除专家外，您还需要电工。使用以下信息，写出简短招聘广告。从小短文中选择最重要的信息，并记录下来。

Электромонтёр – широко распространённая и востребованная профессия на предприятиях различных отраслей народного хозяйства.

Электромонтёр занимается ремонтом и техническим обслуживанием систем электроснабжения, электрооборудования, электродвигателей, электросвязи, систем кондиционирования, вентилирования и пр.

От электромонтёра требуется наличие среднего специального образования, предпочтительно электротехнического; высшее техническое образование дает дополнительные возможности для карьерного роста. Электромонтёр должен обладать знаниями основ электроники, электротехники, устройства электроприборов, электродвигателей, трансформаторов, электросетей, а также такими качествами, как внимательность, аккуратность, осторожность, дисциплинированность. Он должен иметь хороший глазомер, координацию движений рук.

Электромонтёр имеет средний уровень заработной платы. Представитель данной профессии имеет возможность повысить свой разряд, а также может переквалифицироваться на специалиста следующих родственных профессий: монтажника радиоприборов и др.

Текст 2 课文 2

<u>Задание 17.</u> Прочитайте текст и выполните тестовое задание к нему. 阅读课文，完成相应测试题。

О ПОДГОТОВКЕ СПЕЦИАЛИСТОВ В ОБЛАСТИ ЭЛЕКТРОТЕХНИКИ В РОССИЙСКИХ ВУЗАХ

Во многих российских технических вузах осуществляется подготовка специалистов в области электроэнергетики и электротехники. Специальность так и называется – «Электроэнергетика и электротехника».

Вузы проводят подготовку студентов по специальностям по профилю вузов в сфере электроснабжения, электрооборудования, электроники, электротехники, микропроцессорной техники, автоматизации технических процессов и производств. Самыми распространёнными являются также электромеханика, электрические и электронные аппараты, высоковольтная электроэнергетика и электротехника; автоматизация электроэнергетических систем, электроэнергетические системы и сети, электрические станции и другое.

Большая часть учебного времени при подготовке специалистов отводится на профильные предметы. В базовую подготовку электроэнергетиков входят такие дисциплины, как теоретические основы электротехники, электротехническое и конструкционное материаловедение, общая энергетика, электрические машины, электроника и микропроцессоры, безопасность жизнедеятельности и т.д.

Акцент в обучении делается во многих вузах на электронику и теорию автоматического управления. По этим предметам у студентов проходит множество интерактивных семинарских и лабораторных работ. Студенты имеют возможность практиковаться на реальном оборудовании и виртуальных моделях. Они выполняют лабораторные работы по моделированию систем автоматического управления, моделированию в технических устройствах, по электронике и т.д.

В зависимости от выбранного профиля выпускники после окончания вуза работают на электростанциях различных типов, в энергораспределяющих компаниях, научных организациях. Они также могут работать как в специализированных энергетических компаниях, так и на промышленных предприятиях в качестве специалистов по электроэнергии и энергетике.

Наиболее вероятная стартовая должность для молодого специалиста – специалист по обслуживанию электрических систем. Возможный карьерный рост – специалист по энергобезопасности, инженер, руководитель проекта, технический директор.

Молодой специалист выполняет разные задачи. Так, в задачи инженера-энергетика, например, входит контроль за грамотным, функциональным и безопасным распределением энергии. Специалист должен следить за производством, передачей, распределением, преобразованием и применением электрической энергии. Он может участвовать в разработках специальных систем и устройств, реализующих эти процессы.

Тест

1. Во многих российских технических вузах осуществляется подготовка специалистов…
   А. в области электроэнергетики и электротехники;
   Б. в области электроэнергетики и электроники;
   В. в области автоматики и телемеханики.
2. Большая часть учебного времени при подготовке специалистов отводится…
   А. на предметы гуманитарного цикла;
   Б. на профильные предметы и дисциплины гуманитарного цикла;
   В. на профильные предметы.
3. По предметам «Электроника» и «Теория автоматического управления» у студентов проходит…
   А. множество контрольных работ;
   Б. много лабораторных работ;

В. множество интерактивных семинарских и лабораторных работ.

4. В зависимости от выбранного профиля выпускники вузов работают…

   А. в банках и корпорациях;

   Б. на электростанциях различных типов, в энергораспределяющих компаниях, научных организациях;

   В. в страховых компаниях.

5. Работая в энергораспределяющих компаниях и на электростанциях, молодой специалист следит…

   А. за производством, передачей и применением электрической энергии;

   Б. за производством, передачей, распределением, преобразованием электрической энергии;

   В. за производством, передачей, распределением, преобразованием и применением электрической энергии.

СЛОВАРЬ 词汇表

А

автоматизация	自动化
автоматизация энергосистем	电力系统自动化
автоматика	自动化技术
автоматика: технологическая автоматика, системная автоматика	自动化：技术自动化、系统自动化
автоматический	自动的
автоматическое управление	自动控制
аккумулятор	蓄电池
аналогично	类似地
аппарат	机器、部门
арматура	设备钢筋
асинхронный (неодновременный) электродвигатель	异步发电机
асинхронный режим	异步模式
атом	原子

Б

бак с маслом	油箱
безопасность	安全
безопасный	安全的
бесперебойность работы	连续工作

В

вентилятор	风扇、通风机
виртуальная модель	虚拟模型
внедрение	引进、推广
возбуждение	刺激、激发
воздействие на *кого/что*	对……有影响
возмущение	愤怒、干扰
восстановление (источника) питания	电源
вращать/ вращаться	旋转/围绕
вращающееся магнитное поле	旋转磁场
вращение	旋转

временное освещение 照明时间
вспомогательные элементы 辅助元件
выключатель 开关
вырабатывать/выработать 制造/生产
выработка мощности 功率输出
выравнивание потенциалов: заземление, зануление 拉平接地，接零能力

Г

газоизолированная линия – ГИЛ 气体绝缘线
генератор 发电机
график нагрузок 负荷图表

Д

давление масла 油压
двигатель 发动机、电动机
деление 分开、划分
деятельность 业务、活动、工作
динамическая устойчивость энергосистемы 电力系统动态稳定性
диэлектрики 电介质、电介体
должность 职务
допустимый 可容许的

З

заземление 接地、地线
заземление: выносное заземление, контурноезаземление 接地线：集中接地、环状接地
заземлитель 接地装置
закреплять/закрепить 加固
замыкание 接通；封闭；短路；闭合
заряд 充电、电荷
защита от *кого/чего* 避免……的侵害
защитные очки 保护眼镜

И

изделие 产品、工件、机件
изменение 改变、变动
изобретение 发明
изолированный/неизолированный провод 绝缘线

изолятор 绝缘体（子）
изоляция 隔音、隔热、隔离
импульс 脉冲、动机
индуктивно 电感地、感应地
индуктивность 电感系数、感应系数
индукция 感应、感应系数
интервал времени 时间间隔
использование 使用
источник питания:резервированный источник питания, независимый источникпитания 电源：电源余度，独立电源
источники электроэнергии или источники питания 电源
исходное состояние 初始状态

К

кабель 光缆、电缆
категория 范畴、种类
катушка 线圈、滚丝刀
классификация 分类
количественная оценка 定量估值
коллектор 整流管、换向器
комбинированный 组合的、混合的
коммутационная аппаратура 配电设备、转换装置
коммутация 转换、交换
компрессор 压缩机、压气机
конструкция 结构设计
контакт, контактировать 接触，联系
контур заземления 接地电路
короткое замыкание 短路
кратковременный 短期的
крепёжная деталь 连接件、坚固件
критерий 标准、准则
крюк 吊钩

Л

лазер 激光、激光器
лазерная техника 激光技术
ликвидация 撤销、清理
линия электропередачи – ЛЭП 输电线

линия электропередачи 电线

линия электропередачи: кабельная линия электропередачи, воздушная линия электропередачи 电线路：电缆输电线路，架空输电线路

локальный 局部的、地方性的

М

магнетизм 磁力、磁性、磁学

магнит 磁铁

магнитное поле 磁场

магнитные явления 磁现象

магнитный: магнитная система, магнитнаяцепь, магнитный поток 磁的：磁系统，磁路，磁通

магнитопровод 导磁体，磁路

маслонаполненный 充油的

математическое выражение 数学（表达）式

межотраслевой 跨部门的

мероприятие 措施、办法

метод 方式、方法

механизация 机械化

механизм 机械、装置

механическая инерция 机械惯性

механическое повреждение 机械损伤

микропроцессорная техника 微处理技术

моделирование 模拟、制作模型

молекула 分子

молниеотводчик 避雷针

монтаж 安装、装配

монтажные работы 安装工作

мощность 功率/能力

Н

нагрев 发热、加热

нагрузка 负荷、负载

накладка 连接板

напряжение 电压、强度

нарушение 破坏

нарушение баланса 违反平衡

нарушение: нарушение дыхания, нарушениесердечной деятельности 违法行为：心脏、呼吸障碍

насос	泵
насыщенность	饱和、饱和度
научно-технический прогресс	科技进步
недостаток	不足、缺乏
независимо от *кого/чего*	不管，不论，不以……为转移
незначительно	轻微的、平凡的
непрерывный	不间断的
неравенство	不等式、不平衡
нефтяное масло	石油
низкий: низкая частота, низкое напряжение	低：低频率，低电压

О

обеспечение	充分供给、保证供应
обжечь: обжечь кожу , обжечь сетчатку глаз	烧：烧坏、烧焦，视网膜灼伤
обмотка возбуждения	励磁线圈、激磁绕组
обмотка	线圈、绕法、绕组
оборудование	装备、装置
обслуживание	服务、设施、维护
объект	工程、项目、对象
ожог	烧伤、烫伤
окружить/окружать	包围/对待
опасные последствия	危险影响/危险后果
оперативный персонал	业务员
опора	支柱，电线杆
определяться *кем/чем*	确定……
освещение	照明、照明设备
основа	基础、原理、根据
отключение	断开、切断
отопление	供暖装置
отрасль промышленности	工业部门
отрасль хозяйства	设施部门、生产部门

П

параллельный	平行的、同时的
параметр	参数、规格、变量、变数、数据
передавать/ передаётся	传递/输送
передача	传递、转交、播放
переменный ток	交流电
переходный процесс	转变过程、瞬变过程、电磁暂态过程

плавление металлов	金属熔化
плазма	等离子体
плоскость	轴面、面
повышение: повышение частоты, повышение напряжения	提高，升高：提高频率，升高电压
поддержание	支持、保持、拥护
подстанция	变电站，配电站
поражающий фактор	杀伤因素
поражение электрическим током	电击事故
последствие	后果；影响
потеря сознания	失去知觉
потеря энергии	能量损耗
потребитель электроэнергии	电力消费者、电力需求者
потребление: потребление мощности	功率消耗
потребление электроэнергии	电力消费
потребность в *ком/чём*	需要……需求……
правила технической эксплуатации	技术操作规章
предел	限度、范围
предотвращение	防止
предусматривать/предусмотреть	预见到/规定
преимущественный	优点、优先
прекращение	停止、中断、关闭
преобразование	改变、变换、改造
преобразователь электроэнергии	电力转换器
приёмник энергии	能量接收装置
приёмники электрической энергии	电能接收器、电能指示器
применение	采用、运用
причина возникновения	产生原因
пробой (электрический)	击穿（电）
провод	电线
проводка	安装、布线、线路
проводник	导线、导管
прогнозирование	预测
производство	生产
происходить/произойти	进行/发生
прокладка трассы	配线、安装线路
пропускная способность	生产能力、通过能力
протекать/протечь *через*	流经/渗入
противоаварийная автоматика	防事故自动装置

протягивать/ протянуть 拉/安装
профессия 职业
профиль 专业、剖面
процесс 过程、操作
процесс производства – производственный процесс 生产过程
путь замыкания 闭合，短路

Р

равносторонний треугольник 正三角形
разгрузка 卸载
разрядник 避雷器
расположение 位置、分布
распределение 分配、分布
распределение энергии 配电
распределительная электрическая сеть 配电网
регулирование: регулирование частоты, регулирование мощности 调节：频率调节、功率调节
регулировка 调整、控制
режим: режим работы 制度、规章、状态：工作条件/运行工况
результирующая устойчивость энергосистемы 电力系统合成稳定性
релейная защита 继电保护
ремонт 维修
риск 冒险、风险
ротор 转子

С

сборка 装配安装
связывать/ связать 把……连接起来
сетевая автоматика 自动化网络
сетевое напряжение 电网电压
сеть: питающая сеть, распределительная сеть 电网：电源网，配点网
сеть: электрическая сеть, тепловая сеть 电网；供热网
сечение проводник 导体截面
сила тока 电流强度
симметричный/несимметричный 对称的/不对称的
симметрия/ несимметрия 对称/非对称
синхронная машина 同步电机
синхронный электродвигатель 同步发电机

синхронный/ несинхронный	同步的/异步的
система сигнализации	信号系统
снабжение электроэнергией	供电
совокупность	总合，总数
соединять/ соединить	接合，连接；接通
соприкосновение	接触，密接
сопротивление	电阻、强度、应力
специальность	专业
среда: изолирующая среда, охлаждающая среда	介质：冷却介质，绝缘介质
средства защиты	保护措施
станина	机台、基座
статическая устойчивость энергосистемы	电力系统静态稳定性
статический	静止的，静力学的
статор	定子、导向器
степень	比；程度；率
стержень	杆，芯线，轴
стержневая конструкция	杆件结构
строение	建筑、构造
схема	示意图；线路图

Т

тепловая инерция	热惯性
теплопотребление	耗热，需热
теплоэлектроцентраль	热电站
технологические нужды	技术需求
технологический процесс	工艺流程
ток нулевой последовательности	零序电流
ток обратной последовательности	负序电流
ток прямой последовательности	正序电流
ток: переменный ток, постоянный ток	交流电流；直流电流
токоведущая часть	通电部分
трансформатор	变压器、变量器
трансформатор: масляный трансформатор	油浸变压器
сухой трансформатор	干式变压器
двухобмоточный трансформатор	双卷变压器、双绕组变压器
трёхобмоточный трансформатор	三卷变压器
однофазный трансформатор	单相变压器
трёхфазный трансформатор	三相变压器
стержневой трансформатор	芯式变压器

трансформация	变换、变形、变态、变压、变化
трение	摩擦、摩擦力
трёхфазный силовой трансформатор	三相变压器
трёхфазный силовой трансформатор: стержневой и броневой	三相变压器：芯式的和壳式变压器
ТЭЦ – теплоэлектроцентраль	中央热电站
тяга	牵引、拉杆、拉力

У

УЗО – устройства защитного отключения	防止误差设备
универсальные свойства	万能特性
управление	操纵、管理、控制
условия: нормальные условия, аварийные условия	条件：正常情况下、应急情况
устанавливать/ установить	安装，调整
установка	安装、调整
установка: электролизная установка, выпрямительная установка	装置：电解装置，整流器
устойчивость	稳定性
устройство	装置；设备；结构
участок провода	电线工段（区）

Ф

фаза	相
фактор	因素
физический процесс	物理过程
форсировка	强化
функциональное назначение	功能
функционирование элементов	功能元件

Ц

цепь	电路，回路
цилиндр	气缸、油缸

Ч

частица	部分、粒子、质点
частота	频率、次数

Э

эксплуатация	使用、利用

электрик 电工、电气专家
электрифицированный объект 电气工程
электрическая дуга 电弧
электрическая линия 电线
электрическая нагрузка 电力负荷
электрическая подстанция: повышающая электрическая подстанция, понижающая электрическая подстанция 电站：升压变电站，降压变电站
электрическая станция 发电站
электрическая цепь 电路
электрическая энергия – электроэнергия 电能
электрический процесс 输电过程
электрический ток 电流
электрический шок 触电
электричество 电力、电学、电
электробезопасность 用电安全；防电性
электродвигатель 电动机
электродвижущая сила (ЭДС) 电动势
электрозащитные средства: коллективные электрозащитные средства, ндивидуальные электрозащитные средства 电气保护设备：集体、个人保护设备
электроизмерительные приборы 电表仪器
электромагнитная индукция 电磁感应
электромагнитный 电磁的
электромагнитный аппарат 电磁装置
электромонтёр 电工
электроника 电子学
электрооборудование 电气设备/电气装置
электроофтальмия 电光性眼炎
электропечь 电炉
электроприборы 电器产品
электроприёмник 受电设备、受电器、用电设备
электропроводка 电线、接线、导线
электросвязь 电气通信、电信
электросеть 电网
электроснабжение 电力供应/供电
электростанция 发电站、电站
электротехника 电工学
электротравма 触电
электроустановка 电气装置、电气设备
электроэнергетическая система 电力系统

электроэнергия: передача электроэнергии, распределение электроэнергии
电力：输电、配电

элемент	部分，成分/电池，因素
энергетическая система – энергосистема	电力系统/动力系统
энергия	能源
энергоёмкость	电能耗量
энергообъединение	联合动力系统、联网
энергообъект	动力项目
энергоресурсы	能源、动力能源

Я

ядерная техника	核技术、核工艺
ядро	核、核心

ЛИТЕРАТУРА　参考文献

1. Вольдек А.И. Электрические машины. Учебник для студентов высших технических заведений. 3-е изд. , перераб. - Л.: 1978.
2. Козлов А.Н. Автоматика управления режимами электроэнергетических систем: учебное пособие. – Благовещенск: Изд-во АмГУ, 2014. – 64 с.
3. Куликов Ю.А. Переходные процессы в электроэнергетических системах:учеб. пособие. – М. : Издательство 《Омега-Л》, 2013. – 384 с.
4. Куприянова Т. Ф. Знакомьтесь: причастие. Учебное пособие для изучающих русский язык (продвинутый этап). – СПб.: Златоуст, 2002, - 112 с.
5. Ласкарева Е.Р. Чистая грамматика. Пособие по русскому языку как иностранному. - 3-е изд. – СПб: Златоуст, 2009. – 336 с.
6. Лисина Л.Ф., Буякова Н.В. «Электробезопасность в электроэнергетике и электротехнике»: Учебное пособие. – Ангарск: Изд-во АГТА, 2013. – 168 с.
7. Почаевец В.С. Электрические подстанции: учеб. для техникумов и колледжей ЖДТ. / Почаевец В.С. - М. : Желдориздат, 2001. - 512 с.